浙江省“十三五”规划新形态教材
浙江省首批省一流课程认定课程
北大社 高等院校艺术与设计类专业“互联网+”创新规划教材
此书受浙江工业大学校级重点教材、省级“十三五”规划新形态教材经费资助

空间建构

宋 扬 著

北京大学出版社
PEKING UNIVERSITY PRESS

内 容 简 介

本书以作者从2001年至今在中央美术学院、首都师范大学、北方工业大学、浙江工业大学等院校的空间建构系列课堂教学实践的十余项课题为主线，阐述“用手工模型的方式思考”的教学主旨，并呈现相关课堂的个人教学思考与原创课程作品，内容包括从设计作品中理解空间所蕴含的形式美感、空间构成视觉元素及设计表现、课题训练的序列设定、相关空间造型基础课程课题实践四个部分。

本书从“教”与“学”两个方面展示作者的教学思路与成果，由浅至深地展示作者在教学一线实践完成的空间训练课题，并提供相关的视频资料，既可以作为高等院校设计类相关专业设计基础类课程的教材，又可以作为设计爱好者和从业者的自学或参考用书。

图书在版编目 (CIP) 数据

空间建构 / 宋扬著. —北京：北京大学出版社，2021.4
高等院校艺术与设计类专业“互联网+”创新规划教材
ISBN 978-7-301-32118-8

Ⅰ. ①空… Ⅱ. ①宋… Ⅲ. ①空间—建筑设计—高等学校—教材 Ⅳ. ① TU204

中国版本图书馆 CIP 数据核字 (2021) 第 059568 号

书　　名　空间建构
KONGJIAN JIANGOU
著作责任者　宋　扬　著
策 划 编 辑　孙　明
责 任 编 辑　蔡华兵
数 字 编 辑　金常伟
封 面 原 创　成朝晖
标 准 书 号　ISBN 978-7-301-32118-8
出 版 发 行　北京大学出版社
地　　址　北京市海淀区成府路 205 号　100871
网　　址　http://www.pup.cn　新浪微博：@ 北京大学出版社
电 子 信 箱　pup_6@163.com
电　　话　邮购部 010-62752015　发行部 010-62750672　编辑部 010-62750667
印 刷 者　北京宏伟双华印刷有限公司
经 销 者　新华书店
889 毫米 ×1194 毫米　16 开本　12.5 印张　400 千字
2021 年 4 月第 1 版　2023 年 1 月第 2 次印刷
定　　价　69.00 元

未经许可，不得以任何方式复制或抄袭本书之部分或全部内容。

版权所有，侵权必究

举报电话：010-62752024　电子信箱：fd@pup.pku.edu.cn

图书如有印装质量问题，请与出版部联系，电话：010-62756370

推荐语一

艺术教育是从一个人的内心开始的。艺术与设计教育中对于形式语言的专业学习与应用，首先应该注重思想的启蒙与艺术素养的积淀，把基础打好。

好的设计是由内而外从人的内心深处生长出来的，慢慢贴近我们的现实生活。好的设计不是附加与装饰。我们知道，未来的艺术与设计不仅仅只是某一种形式、某一种流派、某一种观念，而是一种综合的体验和表达。

二十多年前，我从德国留学归来后，主导中央美术学院设计专业的建设工作，建立一个具有鲜明特色的设计学科是我们努力的方向。经过多年努力，中央美术学院的设计教育取得了显著的成果，建构了一个在中国当代艺术设计教育与研究方面有巨大影响力的学科体系。在设计学科建立之初，我特别强调基础的重要性。整个设计学院的教学结构如同一个扇面，扇子打开，底部是基础，支杆是专业，各个专业之间由扇面连在一起，基础与各专业的关系既独立又联通。教学的重点是底部连接点和扇面支杆的扇面联系，这个扇面就是一个平台，也是最大的一块，既可以打开，又可以合在一起。强调连接的关键点与连接的面，就是设计教学的核心。

宋扬正是在设计系建立之初入学的一批学生之一，1996 年以设计专业全国第一名的成绩入学，并于 2001 年毕业。他在后来成立的设计学院基础部任教十余年，并在我主持的第十工作室在职攻读研究生。无论对于教学工作还是对于学术研究，他都保持了在设计学院成立之初那份对教学与研究的热情，以及那个时代所特有的情怀。在工作之余，宋扬积极参与设计项目，把对设计的感悟应用到课程教学与课题研究之中，把对形式构成课程、空间建构课程的深入研究转化成著作出版，并把教学课题与教学实践经验汇总成文献资料作为硕士毕业课题研究论文。这次出版的系列教材，是宋扬在设计基础教学一线工作的经验总结，呈现了一系列真实而生动的课堂实践与教学反馈图文资料。希望这次出版，对于他来说，是一个新的开始，因为设计教育需要更多有热情的教师去不断更新、不断完善、不断补充教育的方式，以应对社会的发展对设计教育提出的要求。

今天的时代变化决定了艺术教育观念的变化，我们要积极去面对。所以说，今天的教育不是建构一个坚固的堡垒，而是打造一个开放的空间。我们处于一个激动人心且充满变化的时代，这个时代能够激发出我们内心的创造欲望和力量。

谭平 / 教授、中国艺术研究院副院长、当代艺术家、博士研究生导师

推荐语二

空间建构方法涉及城市设计、建筑设计、环境设计等空间设计领域，空间建构作为现代设计基础训练，是引领学生进入创意空间设计的必修课程。它是在20世纪初德国包豪斯设计基础教育体系的平面构成、色彩构成、立体构成教学内容的基础上，针对空间造型领域教学训练形成的现代设计教育的重要课程。宋扬博士一直致力于在空间设计教学领域的探索和设计教育实践，对空间设计与教学实践方面进行全新思考和理解认识，这本总结教学实践课题研究的著作应该是他十余年教学实践和在欧洲留学研究的成果，是针对城市空间与建筑空间环境设计教育的系统教程。他的探索和教学研究成果，无疑给正处于发展时期的中国当代设计教育增添了新的教学方式和内容。

宋扬是一位有抱负、有激情的青年教师，曾在中央美术学院从事设计教育工作十余年，2015年获得匈牙利佩奇大学建筑学博士学位，现作为高层次海外留学人才引进到浙江工业大学环境设计专业。他在设计教育工作方面有探索、有实践、有成就，相信这本书对学习空间设计领域专业的学生来说是一本启迪设计思维的教科书，对从事设计教育的教师来说也是一本有借鉴价值的教学参考书。

吕勤智 / 浙江工业大学教授、硕士研究生导师、中国建筑学会全国理事

前言

空间建构对现代设计的“造型与空间”问题的构思方法、创作思考有着重要的意义。国内目前的主流构成教学，在设计基础教学阶段的方式大多源于日本设计大师朝仓直巳的“四大构成”。我在求学时，亲历中央美术学院由艺术专业向设计艺术全专业转型的整个过程，并有幸毕业后在母校任教十余年。在这期间，我先后追随张保玮先生、谭平先生、周至禹先生，目睹他们逐步建立起中央美术学院设计学院、建筑学院，以及以艺术为驱动力、为后置各专业服务的“包豪斯”设计基础教学体系，并有幸参与其中。这些学习和工作经历，以及后来的欧洲留学经历，都使我意识到，设计教学绝不是传授给学生“既定方法”，而是要使学生逐步构建自我的认知体系，只有这样才能持续为设计的“创造力”提供源泉。

社会正在快速发展，众多科学、技术、数据正在颠覆我们对世界的认知，设计教学的形式应该随着社会的发展、年轻人认知方式的改变而转变。尤其是2020年的新冠肺炎疫情，颠覆了国内大学生的学习方式，也从社会角度重新定义了设计的目的、设计师的使命。课堂教学—网络资源—网络教学的互动，将成为下一轮设计教学的重心。空间构成系列课题，是我个人设计基础教学成果的一部分，也是我最早开始积累网络资源用于课堂教学的教学课题。经过十余年的课程积累与调整，我已经积累了许多完整的教学案例、课程作品、创作过程草图、学生作品自述、往届毕业学生反馈等课程资料，并且将众多教学资源已转换成系列教材、教学专著、课程教学光盘、网络课程、网络资料库、微信公众号等资源形式。此次与北京大学出版社合作出版的系列设计基础教材，既是我个人的课堂教学总结，也是对积累的教学资源的梳理与呈现。

目前，浙江工业大学本科、研究生空间形态研究系列课程经过四年的课程建设，已获得浙江省“十三五”规划新形态教材立项、浙江省首批省一流课程认定、浙江省首批“互联网+”课堂教学示范课程认定。本书出版得到了浙江工业大学校级重点教材、浙江省“十三五”规划新形态教材经费资助，特邀中国艺术研究院副院长、当代艺术家、博士研究生导师谭平教授和浙江工业大学教授、硕士研究生导师、中国建筑学会全国理事吕勤智为本书撰写推荐语。

由于我水平有限，撰写时间仓促，书中难免存在错漏之处，敬请广大读者批评指正。

【资源索引】

宋 扬

2020年7月

目　录

导读

空间与造型元素的定义与思考

【教学内容介绍01——综述】

出现在绘画作品中的“空间”属于视觉范畴，并不是真正意义的“空间”。提到绘画作品中的空间表现，我们首先会想到荷兰版画家埃舍尔的“矛盾空间”绘画，其互谬的原理（无法在真实空间中存在）使得空间充满视觉趣味。但是，这种视觉空间，只是“空间感”，不是真正意义的三维空间，并不属于空间的研究范畴。

一、设计不是艺术

设计是“for you”，艺术是“for me”。（王受之2018年4月1日在深圳所作题为《我们的设计出了什么问题？》的讲座）

设计与艺术具有很大的差异性，在教学中把两者进行明确区分是学好设计基础课程的关键。我们既可以用艺术的眼光审视设计作品，也可以用艺术的思想衡量设计的价值。如果把培养设计师作为目标，那么就要尊重“设计的标准”。

设计师不可以像艺术家那样随心所欲，因为“解决问题”是设计的终极目标。作为空间设计，我们可以用雕塑艺术的眼光来衡量建筑的造型美感，也可以用观念艺术的思想性来衡量建筑的精神价值，但我们对建筑居住功能的定位必须符合设计的理性标准，如力学、结构、空间、人体工学等。对于设计作品来说，审美绝不是设计对于设计作品的唯一追求，从这个思路出发，明确设计与艺术的差异就有了价值。这也许是每个学习设计学科的学生首先需要思考的问题。在设计基础课程的学习阶段，明确区分设计与艺术的界限，能够更有目的性地把设计的技术性学习与观念性学习分开（仅仅是学习阶段的分离），也可能使我们学习立体与空间造型的目的更加明确。在基础学习阶段，明确学习目标，就相当于节省时间、提高效率。

二、“美感”不是设计的全部

设计师巴克明斯特·富勒曾经说过：“当我开始研究一个问题时，我从不刻意去想它漂不漂亮；但一旦我完成这项工作，若它不好看，我就知道我失败了。”

美感的价值是什么？相对于“功能至上的理论”，似乎美感并不是最重要的，但在设计的普遍价值已经不再纠结于“实用功能”的当下，美感是否也可以归于功能范畴？美感是否也是功能不可缺少的一部分，甚至是其中最重要的一部分，决定了受众第一眼、瞬间的感受？巴克明斯特·富勒对设计美感的思考，可以从美感与功能的定义层面引发出更多对设计方法的反思：对于设计师来说，美感是潜移默化的修养，似乎是伴随设计过程而无处不在的；当然，从当下使用者对设计产品的定义来反证，现代设计对于当下而言“好看，不仅是功能，而且是很重要的功能”。

三、空间中的虚实并重

如果建筑物本身是“实体”，那么建筑物内部具有使用功能的空间就是“虚体”。往往实体决定了造型美感，虚体决定了使用功能，所以在整体的空间设计中，两者应该同等重要。

学生会在课堂上问我一些关于造型与空间的问题。从广义设计的角度看，这些问题也许不需要在设计的过程中思考，因为三维造型（实体）占有了空间以后，必然会对空间（虚体）产生分割，空间会随着造型的变化而变化，造型与空间就像形与影的关系，一个发生变化，另外一个随之变化。但是，对于狭义的造型与空间的设计而言，在每一个造型中，设计师一定要考虑立体造型空间的“虚实关系”，使其融为一体才是好的设计。就像每一个经典的建筑作品一样，一定既有充满美感的造型外观，又必然有一个结构合理的内部使用空间，建筑物的内与外一定具有某种关联。

从建筑设计、家具设计、产品设计等造型与空间并重的设计来思考空间的实体与虚体（造型与空间），可以得出结论：造型与空间是“共生”的。

四、教学中的三维造型创作需要“由简至繁”

三维造型比二维图形的创作多了很多内容，比如需要先掌握制图的方法与规范，需要多维度地思考造型的美感与结构，需要同时兼顾空间的虚实关系。这些都是制约学生深入理解空间的原因。

要快速掌握有效的方式，首先，需要掌握正确的制图方法并养成习惯，因为细节很重要，开始的时候养成的不正确的制图习惯不仅会影响创作效率，而且会在后续越来越复杂的设计过程中出现各种制图错误而影响设计质量；其次，用切割的方式，将手绘制图和实物模型（在训练课程中，我会建议学生选择黏土或者泡沫塑料作为实物切割对象）相结合，由简至繁地理解“立体与空间”的异同，也许这是最直观地去理解空间造型原理的方式；最后，引导学生跨学科、跨领域地选取造型进行空间转换，尝试不同的构型方式，如由二维向三维拓展的方式、空间变化的方式、空间分割的方式等，

【教学内容介绍 02】

现代主义的建筑设计更具有构成美感，因为更多的建筑细节来自最单纯的构型方式——平行与垂直，使现代主义风格的建筑平面和立面更像具有构成意识的绘画作品，如蒙德里安的绘画。这种美感能制造一种在视觉上基于理性的严谨秩序感。

【教学内容介绍 03】

以计算机编程等数字技术作为设计媒介，使设计语言得到了更广泛的发展，如未来风格的建筑造型通常采用相对于直面体更自由的曲面造型语言，使建筑语言获得了更丰富的表达方式。建筑外观可以与雕塑作品相媲美，这是设计师利用建筑造型来追求更高层面的审美与思考，是设计语言的艺术表达，在这个层面上，设计和艺术必将产生各种更紧密的关联。

这些都是直观的、能使学生快速理解的空间创作方法。

在具体的教学实践中，“积木盒子”课题从单纯的几何形的切分与重组入手，使学生很直观地感受到空间的生成过程与生成方式，并在创作过程中能针对空间建构方法进行有效的思考。这个课题一直被作为学生进行空间认知的基本课题。后续课题实践把基本空间加入“可拆解”的载物盒子，使学生在空间创作的基本方法上加入“解构与重构、空间虚实转换”；“手语盒子”课题使手的姿势作为比例与尺度的载体融入空间；“巴别塔”课题强调空间表达的叙事性，并把自身的作品作为整体（小组创作）作品的一部分进行思考，强调在整体中关注局部、在细节推敲上不忘整体协调、在局部与整体的换位思考中完善空间创作。

从造型的简单方式开始学习，逐步加大难度，能更迅速地进入创作状态，如先尝试对两个基本几何造型进行穿插组合，再把得到的各种结果进行组合，经过几轮组合、筛选、比较，就会迅速积累空间创作经验。这样做，往往会比先把整体造型想象得很复杂，再开始动手创作更有效果，因为当我们的脑海中没有足够的空间经验时，用模型或者雕塑进行手工制作，是最直观、最有效的方式，也是唯一一种可以随时“旋转观察”的思考方式。

在课堂上，我一般不建议学生“想得太多”，而是用动手取代动脑，边做、边看、边调整、边思考，用“手”带动“脑”，快速积累空间创作经验。我想，这也是在空间相关设计学科的学习过程中，设计师用模型制作的方式引领思考、手工制作无法被机器制作取代的原因之一。

不要依赖“复杂的变化”使空间显得丰富，因为空间感受的丰富性往往不仅仅依赖数量，更重要的是引导学生针对空间维度、造型之间各种组合方式的可能性来创造空间的丰富性。从“Less is more”（少即是多）的角度思考空间，空间变化并不是“数量、元素的堆叠”，而应该是由空间穿插的巧妙、整体空间的视觉对比、细节处理的美感所决定的（体积感、空间感、视觉的丰富性）。现代主义建筑虽然元素简约，但是空间丰富，很好地验证了用数量最少的空间元素（几何形）可以表现出最丰富的空间变化（依赖单体造型的互相组合、穿插、虚实变化等手法），这是我们应该明确的努力方向。

五、造型与空间教学实践的最终目的

因为设计作品的完成，需要兼顾理性、真实感与美感，所以用看似积木搭接的训练，可以有效地开发学生的空间想象力。以理性为主导的思维方式是所有设计工作者必须养成的思维习惯，因为设计工作暗含众多制约因素、众多功能需要，并不像图纸表达、思维想象那样简单轻松。空间与思维的真实性往往决定了设计能否最终付诸实现，而在真实的设计作品中，空间实施过程受诸多因素的制约，如受材料、工艺技术甚至更多因素的制约，因此对空间进行以理性分析为主导的创作思考，是设计工作者应具备的基本能力。

在课堂教学中，如何使学生建立以理性思考为主导的创作思路？如何使学生掌握设计规则、设计方法？这能引发一系列关于教师与课程实践的问题。学生通过教学课题实践，既能掌握设计方法论，又能开阔视野，使学习和思考得以可持续地拓展。其中对于各个教学环节的把握，就成为教学实践的关键点。

通过教学实践，我感受到，学生对于规则与方法的掌握与开拓思维同等重要。作为教师，在课堂实践环节对学生的引导须遵循以下三个要素：

（1）对教学大纲要求的遵守——对既定规律的感知。

（2）对课题的适度发挥——与相邻学科产生必要关联的思维拓展。

（3）对教学质量的把控——对“标准与规则”的体会。

以上三个要素分别来自课堂实践中教学体系的衔接、课堂教学的趣味性发挥、训练的思维拓展，在我个人的课堂教学实践中同等重要。

在授课过程中，我尽量避免过多提及“专业”，比如说，我很少在课堂上提到“节点”“建筑”“构造”等一些会让学生感到拘束的名词，因为设计基础课程对应的往往是刚结束通识基础阶段学习（我指的是大学一年级设计专业的绘画相关课程）的学生，过早地让他们受到“具象的、功能的”约束，会影响他们创造力的发挥。

有学生在课堂上问我：“老师，我可以在这个位置做一个楼梯吗？”我马上否定，学生很诧异。“咱们的作业是做一个可以

无论是服装、鞋、汽车，还是室内设计，对设计师空间创作的制约因素都同样存在，设计师在进行空间思考的阶段，思考的内容包含人体工学的比例介入、制作工艺的制约、对审美的思考等。对空间表现语的选择，都是通过对点、线、面、体、虚实变化等设计方法的运用来进行思考。

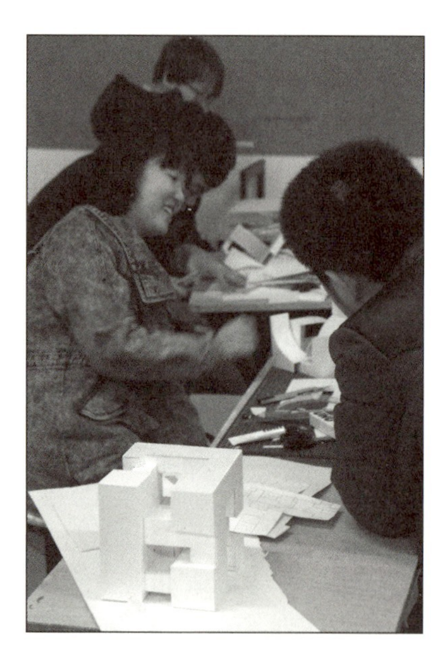

学习是快乐的，在大学基础课程课堂上随时可以体会到学生快乐的内心，学生更多的是因为对设计的兴趣而驱使自己更加投入。我们也在不断调整训练课题，使学生更有针对性地解决设计问题，更有效地对接未来的后置设计课程。

打开、闭合的盒子，哪来的楼梯？”学生马上就理解了我的意思。对单纯的空间创作来说，在比例介入之前，学生手中的作业模型可以是任何尺度的东西——一个盒子、一件家具、一栋建筑，甚至一座城市……

虽然在教学过程中，我尽量避免提及专业设计的指向，但是对于设计规则、设计基本方法的学习，需要用设计作品的标准来衡量学生的作品，启发学生将作业模型创作的可能性与课堂所解析的设计作品进行比对，并针对学生在模型制作的过程中遇到的问题，用真实的设计案例中的作品来作类型参考。学生完成作业的过程好比是参照现代主义的建筑作品在“摞积木”，看似感性的创作过程，实际上已经潜移默化地暗含了很多设计规则。

试想一下，比例的变化可以使造型与空间变换为不同的使用功能，那么是不是可以作为建筑、景观、包装、装置、首饰、家具，甚至服装而存在？这就是广义的空间设计。

作为设计基础训练的造型与空间创作，最终目的是通过手绘草图、标准制图、实物模型制作等专业手段，并通过动手实践来逐步构建空间思维体系，拓展空间与三维造型的想象力，感悟正确的空间构筑方式与思考方式，为后置的设计学习提供设计思维基础。

六、学习过程的动手与动脑

很多学生在初次接触三维造型的时候，会觉得入门困难，但立体学科的特点就是入门难。因为我们在生活和学习的时候，往往习惯于从单一的角度看问题，从固定的角度思考问题，而三维空间与造型的特点是创作中需要不断地转换角度进行观察与调整，如雕塑都是在转盘工作台上完成的，设计与制作过程中的“转动”就是不断地转换观察角度进行调整。

（1）在学习的过程中，先从“制作方法”入手，才是正确的捷径。虽然制图方式与最终作品的空间质量没有必然联系，但是我在教学中发现，学生在立体造型方法入门时利用尺规制图的规范可以解决问题（类似于推演）。因为借助尺规作图的方式，可以使造型得到规范，也可以使我们思考不完整（不见得所有的角度都如我们所愿）的造型借助制图的推演得以完成。经实践验证，凭借正确的尺规制图方式养成良好习惯，是学习立体空间造型的第一步。

（2）掌握正确的尺规制图方式之后，就可以正确地完成三维造型，而对空间有效的分隔，将是遇到的第二个难题。我在教学实践中发现，空间的认知绝对不能靠“讲”，无论是图例还是实物照片，学生都很难对空间意识有所感触。很简单的方式就是用可塑橡皮、黏土、泡沫塑料，在多个面上画上预想的分隔方式，用小刀切割，在切的过程中，学生自然就体会到面的搭接、二维到三维的转换、正负空间的转化等空间问题。这是很直观的学习方式。在中央美术学院设计学院基础部的课堂上，学生就使用泡沫塑料和黏土，用最直观的切割方式迅速掌握空间生成的众多方法。这种训练方式简单有效，可以加快学生对空间基本概念的理解——如何分割空间？整体与局部的关系？面对空间创造，我们应该在实体部分去掉多少，才能兼顾空间的正与负？比例与尺度的把握如何避免“琐碎与凌乱”？这些用概念无法叙述清楚的问题，都需要用“动手”的方式在实践中去解决。

（3）空间审美的依据，是教学实践中困扰学生的难题，很多学生审美的依据仅仅来自对绘画的短暂学习。学生在掌握了基本三维造型原理并能对造型进行正确构思，将造型制作出来以后，接下来都会问相同的问题：“为什么我的三维造型总感觉很普通？”审美问题似乎是无法通过“讲述”来解决的，我在教学中尝试用对应的方式使学生理解到不同审美对象的“差异性”，这种差异性也许就是学生困惑的、纠结的、分辨不清的创意点。比如说，我把抽象几何雕塑的图片和解构主义室内空间的照片进行比对，将基本的几何元素利用搭接、穿插、阵列等形式，最终呈现为单一的白色或者单一的材料，即现代主义建筑、抽象雕塑、装置艺术。许多艺术表现的视觉语言都是惊人的相似，但也有不同，如雕塑创作有意义的部分是实体（由外而内的），空间创作有意义的部分是虚体（由内而外的）。当讲到空间的实体与虚体、空间的正与负空间转化时，学生往往很难从概念的角度去理解，但通过作品图例比对，他们就能很迅速去理解空间元素、空间形式、空间语言的众多问题。

等学生明确了三维造型与空间的基本构成形式之后，我便可以对他们的创作给予准确的引导，因为空间的视觉审美必须依附于构造、力学、科学、材料而存在。

从设计草图到正稿，再到最终完成模型实体，这一系列过程使学生在体会设计流程的同时，养成对待设计的严谨态度——设计绝不是随心所欲的，更重要的是符合设计要求。

为什么众多建筑总有相似性？为什么款式不同的汽车总有相似性？为什么服装潮流变幻但比例总是相似？这些“相似”的背后，隐藏了一些三维造型与空间必须要符合的因素，如构造、物理、人体工学等。总的来讲，众多不同的审美取向背后一定隐藏着各自学科所特有的理性约束，而这些理性因素往往会对设计有所制约，最终形成了每一门学科内独特的审美取向。

所以，教学中最直观的方式，就是把典型的空间作品进行类型划分，用比对的方式让学生看到建筑的内与外、功能与造型，以及工业产品的造型与手的关系、汽车设计的流线应用与风阻的关系。这样能使学生从设计的角度去理解造型与空间的来源、审美与功能的联系，使学生感受到设计的“标准”。

教学的思维拓展并不仅仅针对课程、作业课题，更重要的是针对后置设计专业课程的思维衔接，为学生构建针对更广泛领域的思维体系。

一方面，让学生抓住空间创作的思维共性；另一方面，让学生从设计的角度体会不同专业对造型与空间设计的制约，从而逐步树立正确的审美标准与设计标准。让学生在设计基础学习阶段就充分体会到设计与艺术、各个设计专业之间的差异性，可以使设计基础的学习更有目标，与未来的专业学习更准确地进行衔接。

我坚决反对用“艺术或艺术家的标准”要求学生，因为艺术的标准与导向往往是含糊的。试问：“艺术家是教出来的吗？”无论是一味地强调艺术的发挥，还是过分地强调各个因素的制约，都是“危险”的，前者会让学生无法区分设计方法与游戏，后者会极大地束缚学生的创造力，两者都会导致学生在学习中的盲目，必然造成其时间与精力的浪费。作为教师，需要引导学生在这两者之间谨慎前行，只有及时调整、校正，才能让学生在学习的过程中有所制约、有所收获。

“多比较作品的异同”，是我的教学感悟。学生在学习中，需要时刻关注各种差异性，如各种不同思维方式的差异、各种不同风格的差异，甚至在课堂作业讲评环节，关注同学之间作品细节的差异性，用类比的方式去理解解决相同问题的不同方式，才能在学习中有所感悟。设计基础的学习阶段，也许很多时候不需要比较对错，更需要关注的是设计过程、在设计过程中每位思考者的差异，对这些细节的把握与引导，可以使学生逐渐树立对空间创作的自信，帮助学生摆脱选择、比较的纠结。我深刻地体会到，设计方法、设计标准虽然很多时候无法量化，但是作为教师，一定要尽量给学生一个“暂时”的标准，否则，学生会纠结在某些细节上而无法前进。

【教学内容介绍 04】

七、空间训练与材料选择

最直观的训练方式往往能使学生快速地进入工作状态，从手绘草图到黏土，再到泡沫塑料，能使学生体会到二维思维方式、三维造型方式、空间切割方式的不同。这也是很重要的三维空间思维的三种不同的方式，同时这三种方式也是递进关系，因此可以把这三种方式理解成针对三种设计语言的课题训练。

对作业材料的选择，也是对课题设计的制约与思考。本书课题所使用的材料，从模型卡纸到高密度泡沫塑料，再到黏土，结合课题制作的特点设定作业材料，也是有导向性地使学生尝试不同的空间语言，如直面、曲面、流线。泡沫塑料的可发挥性最强，切割方式与工具相对简单，极易操作上手，所以课堂上采用泡沫塑料进行造型制作的时候很容易使学生理解空间的丰富与造型的丰富之间的关系。

虽然泡沫塑料使用简单、发挥性强，但在课程实践中也会出现问题，学生在细节调整时“只能做空间的减法”，过度切割之后无法复原（或局部添加）。为了使学生进行自由的发挥，近年来在课程实践中开始尝试使用雕塑泥、陶土来进行创作实验。所以说，看似很随意的材料选择，都会影响学生的课程感受。教师也应该尝试更多的材料，以便及时调整课程中所遇到的问题，并利用材料的制约性把课题与材料结合在一起。

在教学中发现问题，及时调整并改进教学方法，是基础教学中的积极因素。针对教学方式的改进，使学生更有针对性地解决课堂问题，更有效果地对后置设计课程进行教学，既是任课教师的责任，也是使学生应对设计课程学习持续发展的需要。

2018 年，在浙江工业大学的课堂教学实践中，我开始尝试把软件编程、3D 打印等技术与学生的作业相关联，这不仅仅是创作手段的更新，更重要的是，我想尝试用不同的、更广泛的造型来源和造型方式来反向促进空间教学思维方式的转变，以适应更广阔的设计思维方式对设计作品呈现方式的拓展。

八、课堂教学问答节选

【课堂教学——空间形态部分】

学生学习普遍存在的问题在于，在设计思考过程中，往往在创作的某一环节卡住而无法推进。我在课堂回答学生的问题，解答的内容也许有些片面，甚至有些绝对，但我在回答的针对性方面尽可能避免“含糊”，因为要使学生在面对问题时能快速解决、快速推进。这样做的目的在于，通过回答主要问题，使学生明确下一步的目标，以便在设计过程中迅速推进。

在设计基础学习阶段，对众多知识的感悟必须通过动手实

美国现代工业设计基础教学中应用线材、面材、体块创作的构成作品。用这种训练方式可以明确每一种不同的构形元素可以构筑什么样的视觉化的空间造型，每一种空间造型的特点就是不同的构形元素所具有的构形特性。

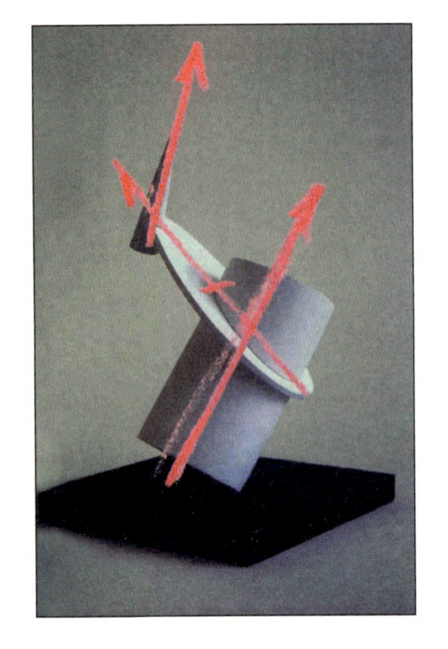

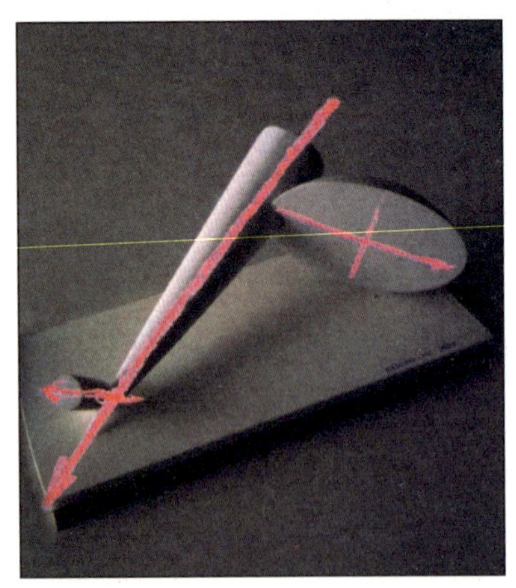

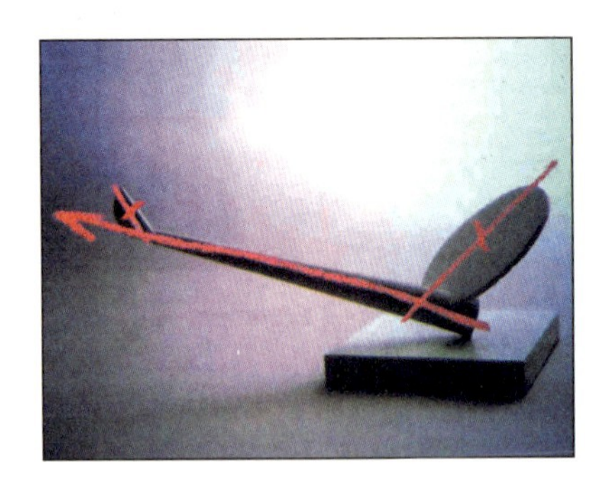

视觉的平衡感是对空间造型审美的最低要求，也是构筑空间审美的第一步。非对称式的均衡空间状态能表现视觉的张力，但兼具视觉的平衡就可以把构造美感与视觉美感相结合。

践获得，而有效的课堂问答能有效帮助学生在各个创作环节迅速推进。抓住主要问题，抓住问题的主要环节，都能帮助学生迅速进入工作状态。

问：制作实物模型之前为什么需要先画草图?

答：首先，制图是必要的表达手段，是建筑设计的表达语言，必须掌握。其次，草图是基本的设计方法，用快速的记录方式记录自己的思维过程。草图可以明确每个面，从“面”到“体”，从“二维”到“三维”，是最简单、最直观的思维方式。当然，等以后完成了对空间的基本认知，可以用任何方式取代基本思维方式，包括各种个人化的方式。比如说，解构主义建筑大师弗兰克·盖里就是直接用立体的木块叠摞、搭接获得建筑三维造型的，而不是从平面图开始思考。

在空间创作的开始阶段，熟悉尺规作图的方法，可以帮助我们用类似“推演”的方式，得出我们没有想象出的角度、细节，尤其是在我们没有把整体空间造型想明白的时候，如面对一个正方体，你只要想出相对的两个面，就可以利用制图方法的推演，完成其余的面、内部的衔接。所以，用草图、制图的方式辅助空间思考，所取得的成效将是事半功倍的。

问：为什么在空间训练中通常把正方体作为原型?

答：以建筑设计为例，正方体是最本质的空间结构，既满足结构与力学要求，又代表空间的最大化利用。作为训练方式，从正方体开始，逐步做空间的减法，最终实现空间与造型同步，可以迅速理解空间与造型的关系，理解空间内与外、实与虚的互动关系。在实际操作中，参考现代主义建筑风格，可以使空间创作更纯粹，如利用单一材质、单一色彩（多为白色），以正方体作为空间模数，这些方法可以在创作中突出空间语言的表达。

问：如何区分空间的琐碎与丰富?

答：琐碎是学生在学习的初级阶段，刚刚进入状态时遇到的普遍性问题。细节“量”的增加确实在视觉上可以达到某种整体的丰富性，但这种丰富性并不是空间设计该追求的。真正空间的丰富，应该追求细节的简约与空间维度的丰富，即真正做到多角度地观察，因为角度的不同可以达到视觉效果的变化。比如说，中国园林景观中追求的“步移景异”，就达到了角度与空间造型的互动。

问：如何快速领悟什么样的空间造型处理是符合设计要求的?

答：设计的最终目的是符合使用的需要。设计流程的每一步都蕴含技术对设计创造性的束缚，这个问题比较复杂。在设计基础阶段的学习中，多看设计、多分析比对不同设计领域的设计的异同，可以从视觉的多角度来快速理解每个门类的设计各自所具有的基本要求。比如说，比较什么样的造型比较符合建筑设计的造型要求（比较建筑造型）？什么样的造型符合雕塑的造型要求（比较随意发挥的感性造型）？通过比较相似性与差异性，可以感受到不同的设计与艺术类别各自对空间造型发挥的尺度与标准，这种方法比较直观。

问：怎样才能掌握空间的基本美感?

答：美的标准是无法用语言表述的，也许正是因为这一点，美的表达才会如此多元化。虽然美感的表达方式、评判标准无法总结出来，但是对于空间造型的基本美感创作方式，还是有一些在教学中总结的“窍门”的。

1．对比

灵活地运用“点、线、面”，在整体构架中应用高与低、疏与密、大与小等方式进行空间的细节表现，切忌“平均”，细节的组合不能平均，整体、多角度地观察各个角度，只有局部采用对比的方式才能使空间整体充满趣味。

【教学内容介绍 05】

2．比例

细节与细节比例的和谐，细节与整体比例的和谐，可以达到一种视觉的“秩序感”，这种基本的美感可以使空间立体的创作充满理性美感。在建筑设计中，现代主义建筑的构架体系充满了比例协调的美感，主要构架方式符合比例的模数关系，往往以模数关系构建局部与整体的比例和谐。在现代主义建筑细节中，设计师往往利用模数关系的变化使建筑细节成为整体建筑结构的趣味之所在。

3．曲线（曲面）要适当

建筑设计的特殊性，决定了典型的空间设计需要有各种理性的约束，所以形成了一种趋势——建筑的主流形式是理性的、直线的。当然，曲线与曲面的应用，是很多未来风格建筑追求的目标，以雕塑的审美衡量未来风格的建筑，符合建筑所追求的精神价值。从设计的角度来看立体空间设计，就会明确空间造型美感的目标——追求结构的美感一定要多于追求单纯造型的美感。对曲面的应用要慎重，因为初学者会因为曲面语言的感性特征而把曲面穿插应用在直线的构架中，甚至完全用曲面构成整体的全部，这样做的结果往往会因为失去基本建筑审美的标准而难以控制。大量教学案例证明，学生对曲面的使用应该慎重，至少应该在使用曲面语言的时候时刻与整体、直线的细节保持关联，这样才能在学习的基础阶段避免很多由此产生的问题，如琐碎、凌乱。

问：空间的基本变化方式有哪些是符合审美标准的?

答：运用三维造型的基本美学原理，可以塑造基本的空间造型美感。在《建筑：形式、

【教学内容介绍06】

空间和秩序》《型和现代主义》(详见“参考文献”)中总结了众多源于建筑创作的空间构成形式与方法。总体来说，空间的营造方式应该以“虚实结合”为前提，以对比的形式来完善空间体验。综合以上原则，从众多建筑工具书中归纳出以下六种空间营造的基本形式，以供参考。

(1)统一——空间整体构建的首要特征，最终让整体空间造型成为和谐的整体，或具有“完整”的视觉感受。统一可以通过多种构成原理来获得，如通过均衡、对比、和谐、重点、比例、简洁、重复、统治、对称、尺度、节奏等形式语言的综合应用来获得。

(2)和谐——按照某种视觉秩序使局部元素与空间整体产生某种关联，通过细节元素之间造型、构筑形式的相似性，达到空间整体的统一。

(3)简约——格式塔理论认为，最简单的结构最“好”。在空间构筑过程中，摒弃无谓的细节，可使整体空间具有无装饰的美感，如用现代主义建筑的语言可使空间“简约而不简单”。

(4)围合——这里所指的围合不是用造型语言对空间进行“封闭”，而是用视觉语言，结合视觉元素、心理学，使空间具有围合的趋势。譬如说，空间局部的开敞并不会干扰视觉上对空间围合的感受，至于“该打开多少”才能在空间造型的开敞与视觉感受的围合中达到统一，正是空间的趣味之所在。

(5)均衡——“审美的底线，在于视觉的平衡”，真正具有视觉趣味的平衡，往往不是以“对称”为前提的。空间元素在空间布局中的大小、位置、比例的变化，可产生整体空间动态或静态的视觉感受。构图均衡可以通过非对称式的空间布局来实现。在视觉上，改变构图材料的物理属性，如形状、变化的繁简度、空间获得的光影等元素，都可以达到空间整体的均衡状态。等量的空间造型元素依赖于相同的轴或中心点对等布局，称为对称式平衡；不同数量和特征的空间元素利用变化方式、组合方式的调节，在轴线或平衡点两端达到视觉的平衡，称为均衡式平衡，即动态的平衡。

(6)对比——使整体空间充满趣味的有效方式。通过空间造型局部与局部之间、局部与整体之间的差异化对比，如利用空间元素的属性——体积、数量、形状、繁简度、秩序、方向、连续性或节奏感的布局变化，使空间具有差异化的视觉感受，可以营造出空间的趣味。具有明确的局部与整体的对比的空间往往具有美感。空间对比是正负形互动，可以使空间具有“虚实对比”。空间实体与空间虚体的视觉平衡，不仅仅是空间具有趣味的方式，更是空间具有功能的前提。

在专业教学中，很多参考书都提供了一些以建筑空间营造方式为主导的空间建构形式，如《建筑空间组合论》《型和现代主义》(详见“参考文献”)等。对概念的学习，需要在课程中与手工模型制作相结合，这样才能事半功倍。在手工模型制作的过程中，一方面要运用空间构成形式进行创作，另一方面要多角度地观察并运用构成形式概念进行细节的约束与节制。在模型制作的过程中，用理论与实践相结合的方法进行课程学习，可以快速进入创作状态。

问：空间形态的造型元素有哪些?

答：要理解造型元素，可以结合二维形式构成语言（平面构成）来进行对照。只有综合应用点、线、体，才能使空间整体更加丰富。

（1）点——最基本的空间元素，可以理解为建筑的一块砖，也可以放大比例，拓展为规划设计中的一栋建筑，甚至城市中的一片区域。在平面构成中，有关于运动中的点的定义——一个点，可以作为一个中心位置而存在，点的运动可以形成线，许多点的堆砌可以形成面，从而转换为三维的体。艺术家草间弥生擅长用“点”进行创作，在她的作品中，点的大小、疏密、布局的位置，都可以使作品的视觉感受产生变化；而在她的装置作品中，对点的应用规律都转换为空间中的球体。这就是“把二维的点与三维的球体”进行维度转换的应用实例。

（2）线——在二维元素中，直线、曲线都可以转换为空间中的体，空间中的修长的圆柱体、长方体都可以理解为线的应用。在空间中，线可以用来连接、支撑、包围或阵列作为灰空间的阻隔，也可以表达空间的边界，还可以表达空间的形状。线能够在视觉上表现方向感、运动感，线元素的长度、宽度、排列的密度可以表达线与面的“视觉重量”。

（3）体——面运动的轨迹形成体。体是三维的，有空间位置，其形状的变化、体积的变化、组合的疏密变化可以表达不同的视觉重量。在空间中，体往往在视觉元素中表达封闭的空间、围合的空间。空间实体使空间创作的功能性得以实现。

总之，点、线、面、体的综合应用，既能使空间具有变化，又能使空间在实用性与视觉美感的思考方面得以平衡。

问：怎样理解空间的“正与负”?

答：正空间与负空间是一组相对的要素，正要素即感知为形体，负要素即形体所围合的空间。形体（正空间）不能脱离空间（负空间）而存在，因此形体与空间表现为三维造型的正与负。两者不仅仅是相反的要素，重要的是它们共同构成不可分割、相辅相成的整体，如同形体与空间共同构成的建筑一样，空间的正与负可以互相影响，并以造型与空间（建筑）的“内与外”得以表现。

问：如何进行空间的分类?

答：空间可以分为三类，即正空间、负空间、灰空间。正空间是形所包围的部分，负空间是包围形的部分，灰空间是部分被包围、部分包围的部分。整体空间的丰富性必须由这三类空间的互相协调应用来产生变化。空间也可以相对来理解，而且空间的组合会使空间产生更加丰富的类型变化。

对于学生在学习过程中遇到的问题，教师必须非常有目的地回答，明确的回答也许会有些片面，但当学生越过眼前的纠结回过头来看曾经遇到的每一个问题的时候，一切都会明晰。所以，在我的教学经验中，一定没有含糊的回答，一定要让学生可以迅速地推进。这里的课堂问答只是很小的一部分，很多时候选择并调整与学生的交流方式也是我教学的重要部分。我在不断地尝试从学生的角度思考问题。

包豪斯形式导师约翰尼斯 · 伊顿说：“如果，你在无意之间，能创作出出色的作品，那么无意识便是你的道路；但是，如果你没有能力去脱离无意识创作，你便应该去追求理性知识。”

设计，是以理性为主导的工作。十余年的设计基础教学实践使我深刻体会到，用理性的分析带动感性思维的适度发挥，可以使空间创作既具有与专业关联的实际意义，又具有符合创作需要的感性发挥。在课堂教学中，尤其是对于刚结束艺术基础教育阶段的学生来说，作为设计课程的第一个环节，我必须有意识地区分“艺术”与“设计”的界限、理性分析与感性发挥的界限，这样才能使学生顺利地向专业领域过渡，使其并非以自我为标准去完成设计工作。

第一章

从设计作品中理解空间所蕴含的形式美感

从设计与雕塑作品中汲取空间造型美感的创作方式，是很直接的学习方法，因为典型的设计与艺术作品往往暗含了很多作品特定的约束因素，如构造、力学结构、审美方式、人体工学等。所以，对典型的作品进行分析与比对，可以很直观地把作品的构成元素进行归类与比对，使学生在创作过程中迅速找到空间元素的构成参考。

“多看先于多练”，这是我在多年的基础教学中深刻总结出来的学习方法。学生在创作过程中会遇到瓶颈而无法突破，视野的宽度与积累创作经验的数量首先就会制约学生的创造力。这时候，多“看”就变得很重要。

“看”什么？怎么“看”？立体造型最终组合成的空间，是通过具体作品所呈现的美感，包含技术、科学、人文、历史等诸多因素做出的综合表达。在学习中，首先需要“看造型”，因为空间造型的美感是多元化的，但无论设计作品还是艺术作品，对于美感的体现都是异曲同工的，多看不同风格、不同设计门类的造型，在潜移默化中便会对立体造型的形式美感有所领悟。

【教学内容介绍 07】

毕尔巴鄂古根海姆博物馆（左下、右上）／弗兰克·盖里

加拿大建筑师弗兰克·盖里是解构主义建筑风格的倡导者，毕尔巴鄂古根海姆博物馆是他创作的被参观者和评论家公认的杰作。“我热爱充满激情的建筑，”他说，“让人们为之心动，甚至为之疯狂。”抽象的造型在他手中被运用得活灵活现，他的建筑被人们称为“凝固的音乐”。毕尔巴鄂古根海姆博物馆显示了在看似凌乱的建筑中用细节体现韵律与秩序的关键性，其造型语言是曲面体，自由流畅的曲面具有雕塑的感性美感。但是，这种建筑的构造方式在建筑设计中并不是主流，所以他的作品往往是大型的公共建筑。

荷兰国际办公大楼（右下）/弗兰克·盖里

突出的大楼主体部分的自由曲线形态与周围古典风格的建筑之间保持了一种“对比的和谐”。在弗兰克·盖里的建筑语言中，无论建筑的内与外，都有某种语言的统一性，曲面与曲线、内与外的交融使得该建筑具有一种由内而外的“自然流露”的美感。

Louis Vuitton 巴黎艺术博物馆 / 弗兰克 · 盖里

弗兰克 · 盖里的解构主义风格建筑将凝固的建筑实体赋予一种流动的美感，这是由建筑细节的构筑方式所表现出来的，看似杂乱、自由、无序的建筑，完全通过各个细节之间造型的呼应，使整体空间造型组织方式形成统一。

建筑局部的每一个单体造型之间追求“近似”，整体追求力的“递进”关系，类似多米诺骨牌的排序，最终形成整体造型力的“向心性”。解构主义建筑的美感在很大意义上依赖于造型与力（力学与视觉上的力的传递）的统一。在统一中求变化，是艺术与设计审美的重要标准之一。

从弗兰克·盖里的草图到电脑效果图，再到建筑局部，我们可以感受到大师从开始构思的时候，就考虑到最终设计要达到的“动感”，流动的、飘逸的建筑体块一定要依赖于局部的构建方式来完成。

自由的单体造型，以中心聚拢的形式组合在一起。作为结构部分的钢架，在建筑表面形成线形的分割，有效地弥补了大体量建筑实体造成的细节匮乏，使建筑的细节更加充实与精致。

单纯从审美角度来思考，用无序的造型来创作建筑理性（需要考虑很多结构、力学、科学、实用功能等因素）的造型，本身就充满互谬关系，而互谬原理的应用是现代艺术的主要表达形式。

韩国大宇电子科技总部大楼 / 诺曼 · 福斯特

作为高技术派建筑设计大师，诺曼 · 福斯特的建筑设计注重对高新建筑材料、建筑技术的应用，这也是一种获得建筑独特空间造型的设计方式。

诺曼 · 福斯特突破了以往的办公建筑的乏味造型，该大楼采用革新的形态与材料，为大宇公司提高了企业形象，使其成为首尔乃至韩国的标志性建筑。该建筑具有由线与面构成的实体构架，整体外形简洁而内部构造充满具有秩序感的细节。

苏格兰会展中心 / 诺曼 · 福斯特

位于格拉斯哥的苏格兰会展中心的顶面设计由一排层次分明的壳状结构组成，使人联想到海洋生物。该中心也与周围的环境形成形态的呼应，其依次渐变的构造充满了数学运算的节奏感。

圣毕奥神父朝圣教堂 / 伦佐 · 皮亚诺

意大利建筑大师伦佐 · 皮亚诺致力于创造“仿生建筑”，他的建筑作品都与生物有着某种关联。毕奥神父的传奇经历吸引了成千上万的朝圣者，伦佐 · 皮亚诺按照一个鹦鹉螺壳的螺旋线结构调整每个支撑结构的造型。在这种新颖的穹顶下，朝圣者不可避免地会感受到空间建筑造型与精神信仰的神秘关系。中心放射形的造型，不仅使整个建筑充满一种“向心力”，而且使建筑细节具有精密的秩序感。

瑞士卢加诺会议中心／安东尼·拉姆斯登

建筑师把对材料的革新应用作为设计的创意，采用模压技术制造出完全不同的建筑造型，使作为展示空间的部分完全脱离了建筑结构而存在。建筑的主体部分的视觉效果更像一个抽象的现代雕塑。把建筑的理性因素转换成雕塑的自由美感，这一点符合现代艺术的审美标准。设计师对建筑材料的创新应用，是对建筑设计的一种全新的设计方法。

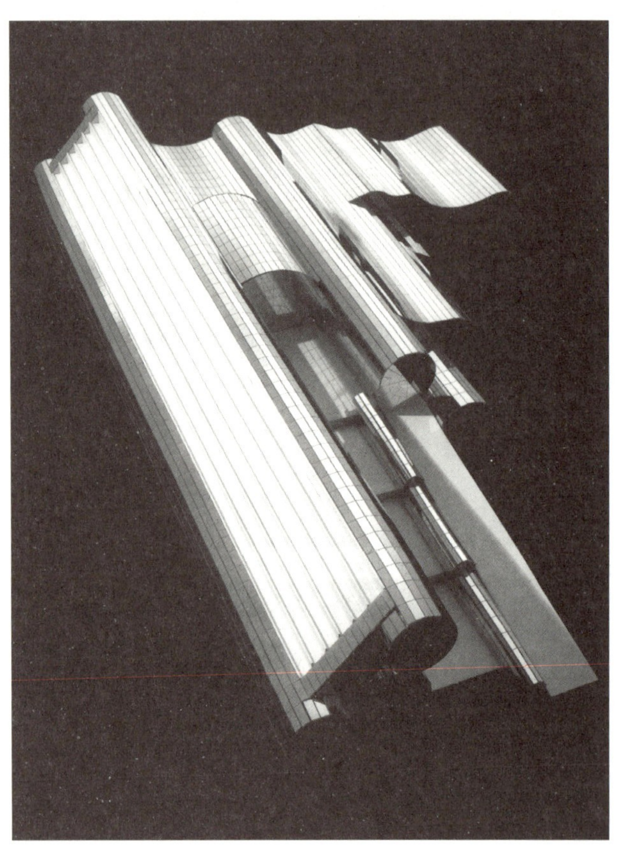

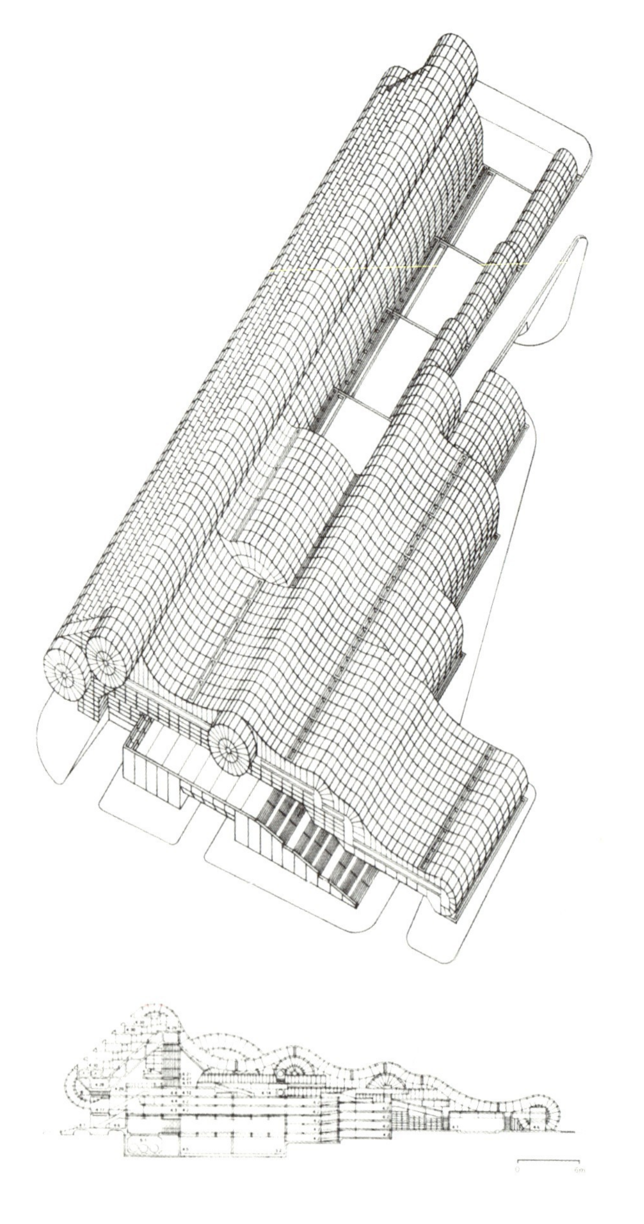

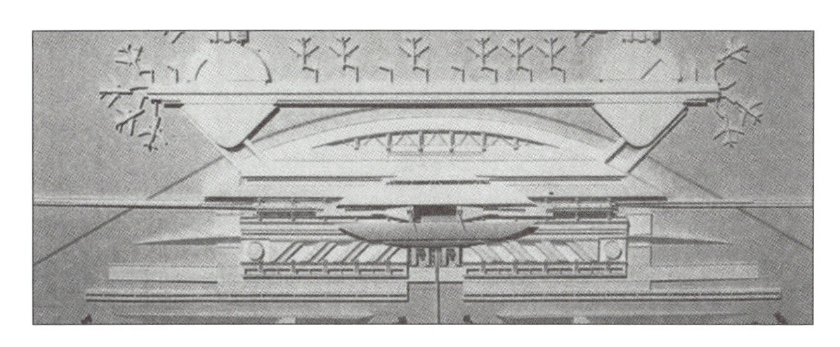

韩国机场航站楼建筑设计／安东尼·拉姆斯登

建筑师将建筑结构的部分设计得非常充分，展示结构部分的构造美感是解构主义建筑风格彰显建筑美感的主要形式之一。流畅轻盈的建筑表皮附着在建筑结构之上，使建筑同时拥有两种不同的美感，感性的飘逸与理性的严谨。两种不同的建筑构造采用对比的方式，使建筑的视觉表现更加丰富。

建筑师利用大型公共建筑所必需的繁复的建筑结构本身，来表达建筑的结构美感，混淆了建筑结构与建筑造型之间的界限。这也是解构主义建筑所要表达的让结构与建筑形态融为一体，也是一种哲学思想的表达。

南加州海滩住宅／理查德·迈耶

理查德·迈耶是现代主义建筑设计大师，他的建筑设计作品造型简洁，大多采用白色作为外观色彩。平行垂直的方形构架使建筑的局部与整体关系紧密，建筑立面充满了线与面、疏与密、实与虚的形式对比，极具构成感。光影变化在建筑立面的表现上锦上添花，使立面具有了更多的黑白灰层次。建筑的局部细节充满了变化，室内的构造沿用了建筑外观的风格，使建筑由外而内的风格和谐统一。

建筑立面的重叠，点、线、面关系，类似于蒙德里安的立体主义绘画风格。建筑立面的纵深感，借助空间造型的美感而得以表达。现代主义建筑所要表达的结构美感，实际上就是在建筑的不同角度、不同立面，用三维空间造型语言表达立体主义绘画的二维构成美感。

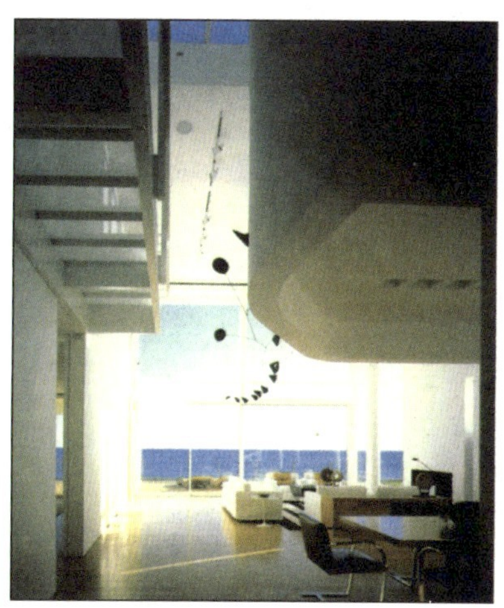

建筑局部／圣地亚哥·卡拉塔瓦

西班牙建筑师圣地亚哥·卡拉塔瓦的建筑具有空间造型特点，他把来自动物骨骼式的生态建筑结构用建筑构造的语言表现出来，赋予钢结构建筑以生态的美感。他的建筑构造往往采用单一的结构形式，采用阵列的方式完成建筑整体，最终的建筑形式既有视觉张力，又具备结构的精密感与稳定感。

建筑师把来自生物的感性美感，用钢架结构的建筑表现得淋漓尽致。繁复的建筑结构，成为建筑形体美感表达的全部，利用科技与力学结构的理性语言，充分表达了建筑师对感性美感的独特理解。

把来自动植物的审美体验应用于工业设计，是越来越多的设计师致力研究的方向。随着工业技术的发展，设计几乎已经没有边界，越来越多的设计师注意到工业生产的痕迹已经使产品与人的距离越来越远。所以，在当代设计中，生态风格的设计，在设计领域应用越来越广泛，来自生物的形态与造型，使工业化生产的产品更加具有亲人性。

韩国太阳大厦／莫夫西斯

莫夫西斯的作品突出形体的层次感，反复利用点、线、面在形态中制造对比。太阳大厦被一层铝网围住，成为建筑的“第二层皮肤”，整个建筑表面设计处理挣脱了只注重实效的设计理念，使建筑具备了某种更诗意的、更抽象的设计理念，体现出莫夫西斯所追求的解构主义建筑风格。看似凌乱的碎片，包裹成建筑的第二层实体，形成灰空间，使建筑的实体部分与周围的环境很好地形成过渡，最终达到融合。

莫夫西斯的建筑，充满了像摇滚乐一样“混乱、冲动”的造型元素，看似随意的造型语言背后用理性的建筑结构作为补充，使建筑造型最终得以形成。这种理性与感性互相融合的美感表达形式，只有通过建筑语言，才能表达出来。

克劳福德住宅／莫夫西斯

这栋私人住宅是莫夫西斯的代表设计作品之一，平面图的几何化处理使立面显得更加具有构成感，秩序的几何形与线的构图在既定平面上创造出重复的、有节奏的分割，这些分割通过虚与实的关系为建筑与环境的结合提供了新的可能。设计的平面图具有构成主义绘画的美感与秩序感，点、线、面的综合应用富有构成趣味，使我们可以联想到康定斯基的构成主义绘画风格。

BTV 商住两用楼 / 鲍姆施拉格 & 埃贝尔

建筑处在繁忙的乡间大道上，一层商用，二层及以上居住用，建筑形体简单统一，但通过设计将建筑的立面处理得简单而丰富，尤其是木质推拉格栅窗颇具艺术化的装饰整齐而和谐，成为街道的一处风景。这是一个典型的用材料应用点缀匮乏的造型的成功范例。空间造型最终离不开材料的表现，因为只有借助材料才可以实现设计。在建筑设计中，常规的方式都是弱化材料以彰显结构与实体造型的魅力，所以大多数建筑都是单色甚至白色的。

希尔·谢泼德住宅 / 威廉·P. 布鲁德

建筑形态复杂多变，金属材质包裹，这栋极具雕塑感的住宅具有浓郁的19世纪菲尼克斯农舍的风格，建筑师准确无误地表达了设计理念：少许想象、勇气加上活泼的心态，便能给居住者在市郊的生活涂上一抹亮丽的色彩。给传统的造型赋予现代的细节和材质，这种造型与材料的转换方式具有后现代设计的特征，充满了反叛的审美情趣。

萨米托尔一号建筑／艾瑞克·欧文·摩斯

萨米托尔分为两个部分，一号建筑为办公建筑。艾瑞克·欧文·摩斯用独特的不规则的造型，创造出奇特的建筑视觉效果，仿佛把建筑的剖面展示在使用者面前。把建筑的外表皮切开，展示建筑空间的内部剖面，是他惯用的建筑表现语言。他在设计中大量地运用建筑的“缝隙”来展示空间内部与外部的关联，使建筑更能体现出结构的穿插组合所具有的解构主义美感。

阿罗诺夫住宅／艾瑞克·欧文·摩斯

建筑位于圣摩尼卡自然保护区，周围是美丽的森林，建筑的造型无论对于主人、员工、客人来说，还是对于孩子来说，都是一件有趣的玩具。楼层的构造和窗户的形状最大限度地保证了观景的需要。这栋建筑“摇摇欲坠”地建在山坡上，艾瑞克·欧文·摩斯称它为“稳定的不稳定体”。建筑的表面具有一种剖面的美感，透过建筑的空隙可以洞察到内部结构的穿插组合。这种美感的表达方式极具反叛意味。

52度海登大厦／艾瑞克·欧文·摩斯

艾瑞克·欧文·摩斯为I.R.S传媒唱片公司设计的大楼从内部看起来很复杂，但从设计角度上看，建筑细节充满了对比，包括虚实对比、材料对比、结构对比、形式对比。对比的大量应用充实了整体空间的丰富性，使建筑外观呈现出结构的丰富美感。无秩序成为细节与整体得到统一的构成前提。

巴塞罗那现代艺术博物馆／理查德·迈耶

理查德·迈耶惯用简洁的色彩配合简洁的形体作为建筑的表现元素，以直线为主的元素配合大块面的几何分割，使整体建筑充满现代主义建筑的典型风格。丰富的空间造型美感来自最简洁的构造方式——垂直、平行，基于方体的构造方式本身就具有一种理性的秩序感，而白色是现代主义建筑惯用的色彩，色彩的简洁更能显示出建筑本身所具有的空间造型美感。

阿诺夫设计与艺术中心 / 彼得 · 埃森曼

彼得 · 埃森曼与弗兰克 · 盖里一样，也是结构主义风格建筑的积极倡导者。这座建筑的形式来自地形曲线和现存建筑的外轮廓，通过计算机手段，在平面图中得到序列性线的排列，充满了节奏感。阿诺夫设计与艺术中心建成之后，成为相关学科建筑的楷模。彼得 · 埃森曼说："就这个项目而言，我们必须要对建筑物的概念重新定义才能建造一座能容纳充满创造精神、具有时代感的各种活动的房屋，这就是我们的创造！"他惯用直线语言作为建筑的构成元素，他的建筑细节充满了方格的模数，通过数学意义的模数倍数重叠，最终完成整体建筑的空间造型，从而获得一种基于数学的理性秩序感。

二号住宅／彼得·埃森曼

二号住宅是彼得·埃森曼的代表作品，也奠定了他的建筑语言与建筑理念。建筑的外观极具构成感，最简洁的建筑语言结合最简洁的白色，使建筑细节充满了构成变化，直线、平行、模数、尺度形成一种空间的秩序感。建筑内部同样使用了简洁的造型美感，并结合建筑构造的碰撞感，几何的美感与构造感形成一种独特的构成变化。

彼得·埃森曼的设计“内外”有着紧密的关联。在课堂教学中，我经常把建筑外观与建筑的室内环境比喻成“人的表情与内心”，空间设计的内外应该是贯穿始终的，可以一蹴而就，也可以内外相反，但建筑表皮的结构一定要与内部的空间变化进行某种关联。

正方体的构造研究／彼得·埃森曼

彼得·埃森曼的建筑语言充满了正方体的元素，如重叠、穿插、模数复制，这些手法使得原本很单纯的正方体结构呈现出复杂多变的视觉效果。他最终获得的建筑外轮廓造型也许很复杂，但通过内部构造的分析，我们不难感觉到其建筑语言的单纯性和结构变化的丰富性，这就是建筑所具有的独特魅力——复杂与单纯可以同在。

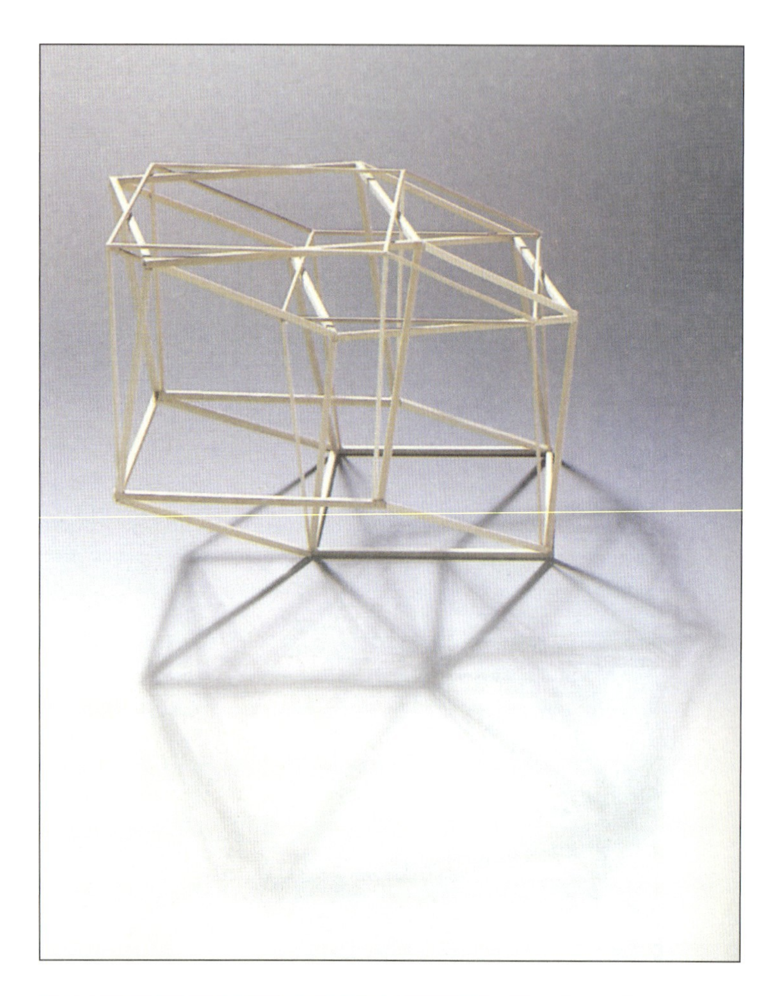

自由曲面的建筑局部／扎哈·哈迪德

扎哈·哈迪德是为数不多的杰出的女建筑师，她的建筑设计借助计算机运算与编程，制作出出人意料的空间造型。她的建筑细节美感很难用语言形容，因为是前所未有的设计方式。她运用计算机编程与运算的方式，使建筑空间造型的感性与理性完美结合。

该建筑借助计算机编程的方式，获得了亨利·摩尔（20 世纪世界著名的雕塑大师之一）雕塑般的感性造型，把创作的随意性与建筑设计必须符合的工业标准融为一体，使建筑的空间造型同时具有了艺术与工业的美感。

建筑局部／家具／鞋／扎哈·哈迪德

扎哈·哈迪德用计算机编程运算的方式获得了建筑空间造型前所未有的美感体验，这种新的审美体验和信息与科技的发展息息相关。她与意大利著名品牌香奈儿合作，推出扎哈·哈迪德品牌，涉及家具、日用品、服饰领域，取得了商业上的成功。仔细观察她的建筑、家具、鞋的设计语言，我们不难看出其中空间造型方式的相似性，也许这就是“扎哈风格”。空间造型语言、构筑方式可以通过比例的变换而适用于任何三维领域。

概念服装 / 桑德拉 · 帕兰德

瑞典女设计师桑德拉 · 帕兰德的概念服装已经脱离了狭义的服装设计领域，完全把服装与人的关系理解成为装置与载体的关系，这使得她的服装设计理念得到大幅度提升。虽然她选择的材料都是织物范畴，但是最终所表达的视觉效果完全具有艺术、装置、雕塑的审美特征。

在某些设计领域，空间造型必须依附于材料才能得以实现，如家具设计、首饰设计、服装设计等，单纯的空间造型是无法完成最终的作品呈现。在这些设计领域中，对材料属性的认知必须在空间造型之前进行，这就是设计的特性——必须以材料与技术作为最终呈现的前提。

雕塑作品中的形态创意相对于建筑而言，显得更纯粹、更感性。因为受各种因素制约，建筑的形态更注重平衡、稳定的理性美感，而这些制约因素在雕塑中都不存在，这就使得雕塑的美感表现更加随心所欲，点、线、面的空间应用更加灵活自由。

抽象雕塑作品中的造型元素更加容易借鉴，因为没有具象因素对视觉产生束缚，所以造型的点、线、面，构成元素，造型美感在抽象雕塑中的形体表现完全可以和其他门类的空间造型进行比较，也更容易感受到空间造型本身的视觉表现力。

歌舞女神（上）／克莱门特 · 米德摩尔
疑问之魔杖（中）／里拉 · 卡特津
Dorion（下）／布鲁斯 · 比斯利

Saginaw（左上）／罗伯特·默里　雕塑四号（右上）／麦尔·肯德莱克
Hillary（左下）／罗伯特·默里　　女神葛蕾丝（右下）／里拉·卡特津

光之箭（左上）／阿诺德·普莫德罗　　沐浴者（右上）／迈克尔·斯坦纳

La Terrasse A Sainte-Adresse（下）／迈克尔·斯坦纳

山楂树／艾萨克·威特金

通过对比和分析，很容易感受到设计与艺术在空间造型语言应用方面的异同，可以从视觉角度感受到建筑的理性思维与其他类别设计、雕塑艺术的区别。空间造型作为建筑的第一语言，有很独特的表现特征，但同时受到设计各个方面的因素制约。所以，在接下来的学习中，我们需要时刻去体会建筑设计的特殊性，用专业的眼光进行观察与创作，才能够在最大意义上缩小学以致用的误差，避免基础课的学习与未来的专业设计课程脱节。

第二章

空间构成元素

一、空间造型元素

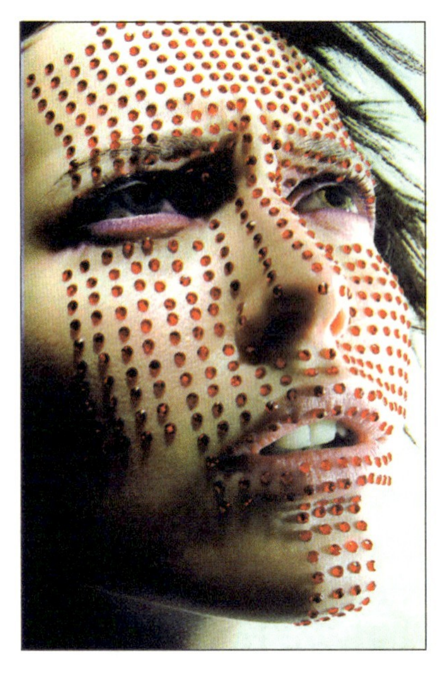

空间造型元素包括点、线、形等。从造型元素的空间造型角度考虑，可以把造型元素归纳为点材、线材、面材（板材）、体块等，其中线的密集排列形成面，面的重叠形成体，配合色彩、质感（肌理）等的互相作用就可以表达出综合的空间造型形式。点、线、面、体在空间中的作用是相对的，在互相作用、互相配合的形式作用下，它们使空间趋于丰富。

（一）点

在整体的空间造型元素中，点、线、面是相对存在的。点可以作为独立的最小的体积单体元素，可以排列成线，也可以阵列成为面。将单一体积的点的比例放大，可以成为整体的造型或整体构成元素中的体块。点的排列间距变化、排列过程中的体积大小变化和疏密变化可以表达整体的韵律、节奏等空间概念。从构成的角度理解“点”，绝不能对点的概念进行狭义理解，因为构成元素可以通过比例与尺度的变化达到自身的点—线—面—体的转换。

（二）线

线在造型范畴中，分为直线、曲线、斜线，又可以通过更加感性的理解分为人工的线、数学的线和自然的线、有机的线等。

点作为设计元素的造型设计，均匀分布阵列的水晶，形成一种整齐的节奏感，与面部起伏的结构形成一种和谐的对比。（上）

俄罗斯艺术家由雨伞结构而萌发的创意，线的元素既是整体的结构部分，又是整体主要的线形表现元素。（中）

阿玛尼旗舰店的室内设计由自由曲面体组成，室内大体量的白色形体围合成室内空间，与轻盈的深色服饰形成强烈的视觉对比。（下）

1．直线

线的最基本表现方式是直线。把直线纵横地组织起来或水平和垂直地组织起来所形成的空间是最基本的，也是最容易进行视觉化处理的。直线本身具有某种平衡性，视觉上的直线很容易在视觉上达到平衡，从而表达出最基本的空间造型美感。但是，自然中往往是没有直线的，直线是人们设想出的抽象的线，所以直线具有纯粹性（即表现的纯粹性）。在设计语言中，直线虽然能发挥巨大的作用，如平衡、对称的基本表达，但在任何时候它都不能成为整体设计中最重要的因素。在空间造型的整体表达中，若直线过分明确，则会产生视觉疲劳感，所以在空间设计中，常用直线作为基本的空间造型进行表达，再用局部的、少量的曲线对空间造型整体进行调和和补充。

2．曲线

曲线不像直线那样易于运用，它根据方向性和自身的差异，可以表达不稳定、流畅、渐进等视觉感受。曲线表达超过一定限度时，整体表现的目的性会产生力的含糊不清，并有纠缠不清的视觉感受。所以，曲线在整体的空间造型的表现过程中，需要时刻考虑整体性，并依靠局部与整体之间的关联性（比例、尺度、模数等方式）解决局部与整体的统一。相对于曲线，虽然直线可以更加简约，但直线所表达的视觉语言比曲线单调很多。人类的视觉审美倾向往往是从“理性”走向“自由”的，人的审美本能总想从紧张中解放出来，并意图获得视觉的稳定感，这就是人的审美向往曲线的原因。流畅的曲线可以表达一种优雅、浪漫的情感。

3．斜线

斜线具有特定的方向性和动势（力的传递）。从视觉语言角度分析，斜线比直线更具有特定方向的契入力。因此，斜线在整体空间造型中配合水平线和垂直线，可以（通过对比）表达更明确的秩序感，也可以干扰整体的秩序感，以获得整体更加灵活多变的视觉感。斜线具有生命力，能表现出生机勃勃的动势；但在平行垂直作为直线语言统一的空间里，斜线也可以作为整体的调剂适当运用。

彼得·艾森曼的建筑语言以方体的空间组合作为第一语言，空间的组织单纯而统一。（上）

对美国当代工业设计产生重要影响的构成训练方式——线材与面材的组合。（下）

两者看似没有联系，但从视觉语言角度来看却具有极大的相似性，这一点说明了空间造型的构成语言可以随着比例与尺度的变化实现功能的差异化，而且对于空间造型本质的训练方式和目的也是异曲同工的。

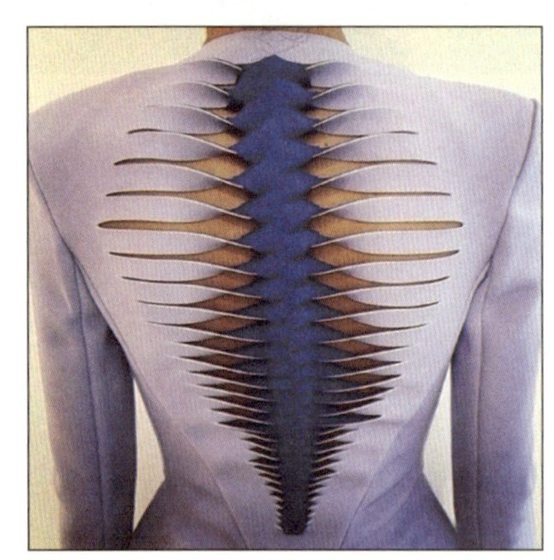

无论是建筑设计、室内设计、工业设计、产品设计、家具设计、服装设计、装置艺术，还是首饰设计，众多立体空间造型的语言和思考方式都有很多相似之处。无论是直线还是曲线造型元素，最终所要获得的空间造型美感是一样的，空间的组合穿插使空间变化简洁而丰富。

空间造型设计的视觉与审美基础是重力最终要达到的视觉平衡，所以在使用斜线时，斜线产生的运动或流动，只有在重力和支撑力平衡的范围内，才能灵活地适量应用。

4．感性的线

设计中考虑用线作为构成元素的时候，在很多情况下要把线分为人工的线和自然的线。这里，人工的线是指数学的线，如圆、按照比例分割连接形成的曲线。它们是从许多自然的线中和从人们的理论中得出的特殊线，在设计时并不仅仅表示一种性质，因为这些线的来源往往可以表达某些（视觉所联想到的）特定造型的一部分。自然的线则是指自然界中的生物造型产生的线或是指人们随手自由描绘的线。在设计中，往往用到的一种线只与一个视觉造型有关，而自然的线则具有多样性，人们在其中发现舒畅的情感与自然界生命的活力。在设计作品的语言中，如数学的线（理性的线）过多时，作品虽然单纯，却是人工制作的，往往忽视了人的感情表达而显得离人越来越远（现代设计中有很多类似的案例，如用设计元素所带来的人们对自然形态的联想，赋予工业产品以自然特征，最终达到工业产品的“亲人性”）。自然线过多则纠缠于感性，又易过于随意、忽视理性元素而显得泛滥，且缺乏时代气息。在众多成功的现代设计作品中，感性的线往往与理性的线穿插应用，使对比的元素贯穿整体，构成语言的应用与设计作品的审美表现互相关联。

（三）形

形，可以理解成二维造型（视觉形象）或三维造型（实体），与线一样也有人工的、数学的、自然的、有机的之分。造型产生的体积可以通过虚实转换，生成空间与造型的（空间虚体与空间实体）的转换。线的要素是单一的，而形是由线和面复合而成的，其构成元素可以无限地增加，特别是在自然形态范畴中更能体现出造型的感性因素、造型与功能的统一。形，无论抽象与具象，无论对设计师还是对受众群体来说，都依赖于对具象形象的联想而产生更加广泛的审美想象力。比如说，可以把中国传统美学的“少既是多”理解成抽象造型，更容易激发观者广阔的想象力空间。

二、建筑造型基本元素

（一）圆和球

圆和球具有单一的中心点，依赖中心点运动引起向周围等距放射活动，或从周围向中心点集中活动，从而形成更多的造型美感特征。圆和球在整体中具有视觉聚拢作用，更容易形成空间的聚拢或者视觉的中心点。圆和球的应用是构成视觉中心的极为有效的方法，这一点在建筑设计中应用广泛，如众多的教堂、音乐厅等大型公共建筑都采用圆和球作为基本造型构成主体空间。圆形有正圆形、椭圆形，以及比较复杂的各种更自由、感性的圆形，如从圆形发展而来的水滴造型、叶片造型，比单纯的椭圆形更具有个性。正圆形由于不具有特定的方向性，在整体空间造型的表现因不受限制而不会对整体的构成造成紊乱，又由于等距放射，所以能与周围的任何形状很好地形成协调统一。而椭圆形有两个中心，因这两个中心的位置而产生更加复杂的方向性，所以椭圆形比正圆形在整体的表现中更加难以处理（与整体构成的和谐统一）。

（二）四边形

四边形有正方形、梯形、矩形等各种形状。正方形具有近似圆形的性质，梯形具有斜线的性质。正方形是中性的，梯形是偏心的，矩形从本质上说是适合造型的最容易利用的形状。在矩形元素的应用中，也会出现理性美感与视觉美感的统一——纵横比为 1 ∶ 1.618 的黄金比矩形往往应用于艺术与设计领域。正方形作为最单纯的四边形，广泛应用于建筑设计领域，因为它是最简单的承重结构与造型的统一体，兼具功能与造型的统一。所以在现代主义建筑风格领域，正方形得到了大量建筑师极具个人风格的创新应用，并由方形分割、模数组合形成了一个时期的现代主义建筑典型风格。

一般在整体空间造型中，随着形状要素的数量增多，处理困难也会增加，这就需要更多的局部与整体的关联来维持整体的统一性。

三、形的视觉美感多样性

从形状上可以感觉得出某种性格和气氛，可以把从“看”获得的审美称为视觉美感。每一种造型都会有不同的审美趋势，在现在设计领域也有很多受从视觉角度划分而来的审美形式影响的设计风格，比如现代主义风格，大量依赖于正方形的比例应用；结构主义风格，大量使用违反理性美感创造的看似随意的折线、曲线进行空间的创作；未来主义风格，把来自雕塑的更加感性的造型依赖于高新科技的建筑构造得以实现。视觉角度对造型的理解不满足于理性的基本美感，各种造型的变化可以使视觉审美更加丰富多样——卷起、弯曲的形状有优雅而纤细的感觉，棱角的形状则有力量、尖锐的视觉与心理感觉。这些感觉是人们把个人化的特殊经验掺入形状的视觉审美的结果，充满了对造型认知的视觉概念与过往的经验，共同形成了对形状的全新认知属性。

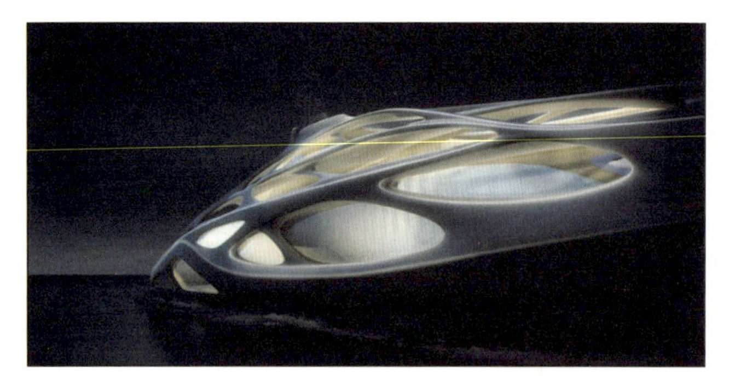

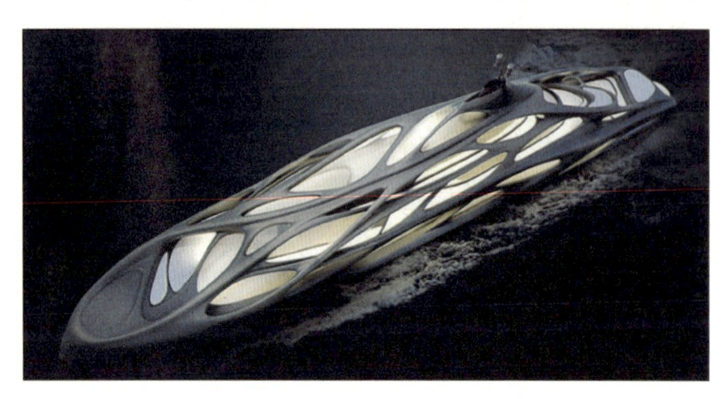

高技术派英国建筑师诺曼·福斯特是现代建筑设计最杰出的建筑师之一，普利策奖获得者。他跨界的游艇设计获得了广泛赞誉。由建筑师成功设计的工业产品案例在建筑设计界很广泛，这也证明了对空间造型的设计理念是没有领域界限的，依靠比例和尺度的变化可以设计出不同领域的设计产品。

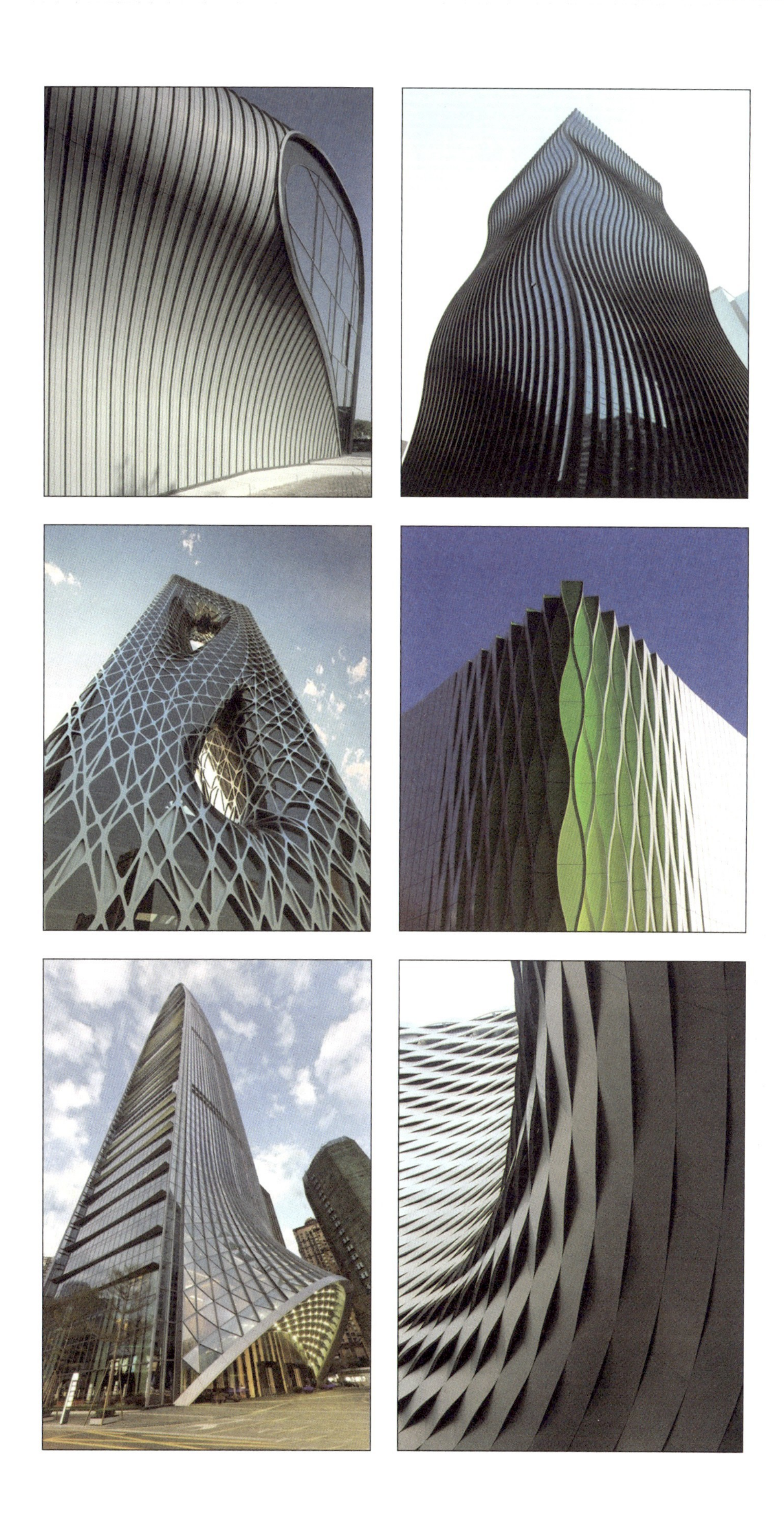

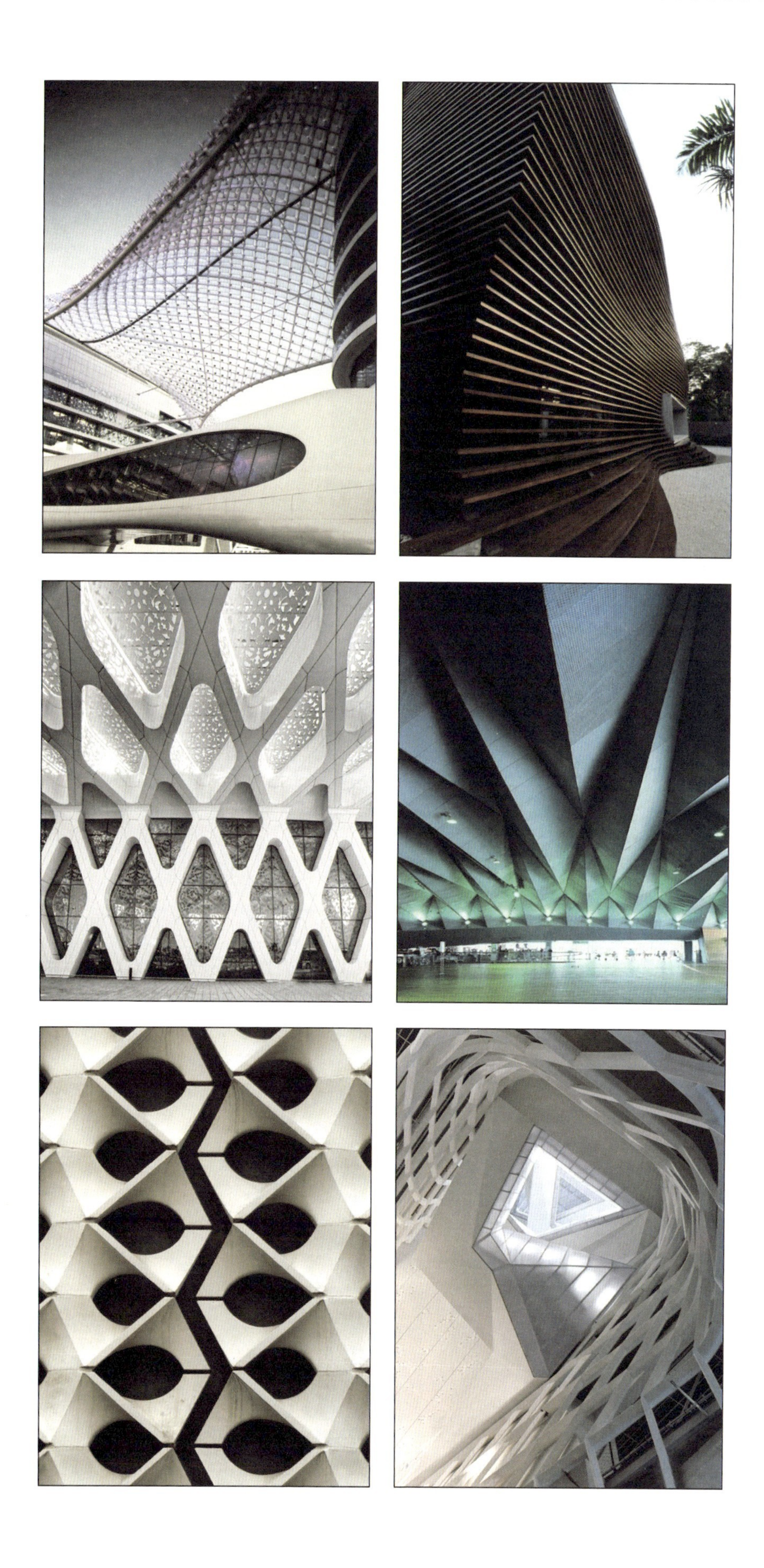

无论是来自折纸的感性造型，还是来自自然形态的仿生造型，或是借助于计算机编程而获得的数字造型，最终仅仅是获取方式的差异，设计师最终设想获得的美感都是异曲同工的。

这些设计的局部出自扎哈·哈迪德、诺曼·福斯特、圣地亚哥·科拉塔瓦、安东尼·高迪、弗兰克·盖里、菲利普·斯塔克等人之手。当我们忽略建筑造型、产品造型的门类之别，去单纯地看待空间造型所表达的美感时，空间造型完全可以脱离艺术、装置、雕塑、建筑、设计而独立存在，完全可以忽略质感、色彩而以黑白形式存在。当把空间造型单纯地从空间整体中剥离的时候，就能感受到空间的本质——除了空间虚体与实体的转换、空间造型的互相穿插组合之外，一切都不重要。空间造型最重要的就是空间形体的“碰撞”。

设计中的造型与质感是无法分离的，同一个造型被赋予不同的材料，可以获得完全不同的视觉效果。所以，在空间立体造型研究的最后环节，需要对造型与材料的对应效果进行研究。这样学习的结果，可以尽可能地在设计的过程中，缩小造型设计与建筑实现之后真实效果之间的差距。

四、空间与造型的互动

在以建筑为目的的讨论中，一般将空间的形式定义为三维造型的内部结构与外部轮廓及整体结合在一起的原则。形式通常是指三维造型元素与空间的互动关系。在《建筑：形式、空间和秩序》（详见“参考文献”）中，把造型定义为形状（shape）、尺寸（size）、色彩（color）、质感（texture）；把造型依据位置（position）、方位（orientation）、视觉惯性（visual inertia）等形式原则创作出的组合称为“空间”（space）。这正是从建筑的空间构筑方式角度，说明了空间与造型的互动性。

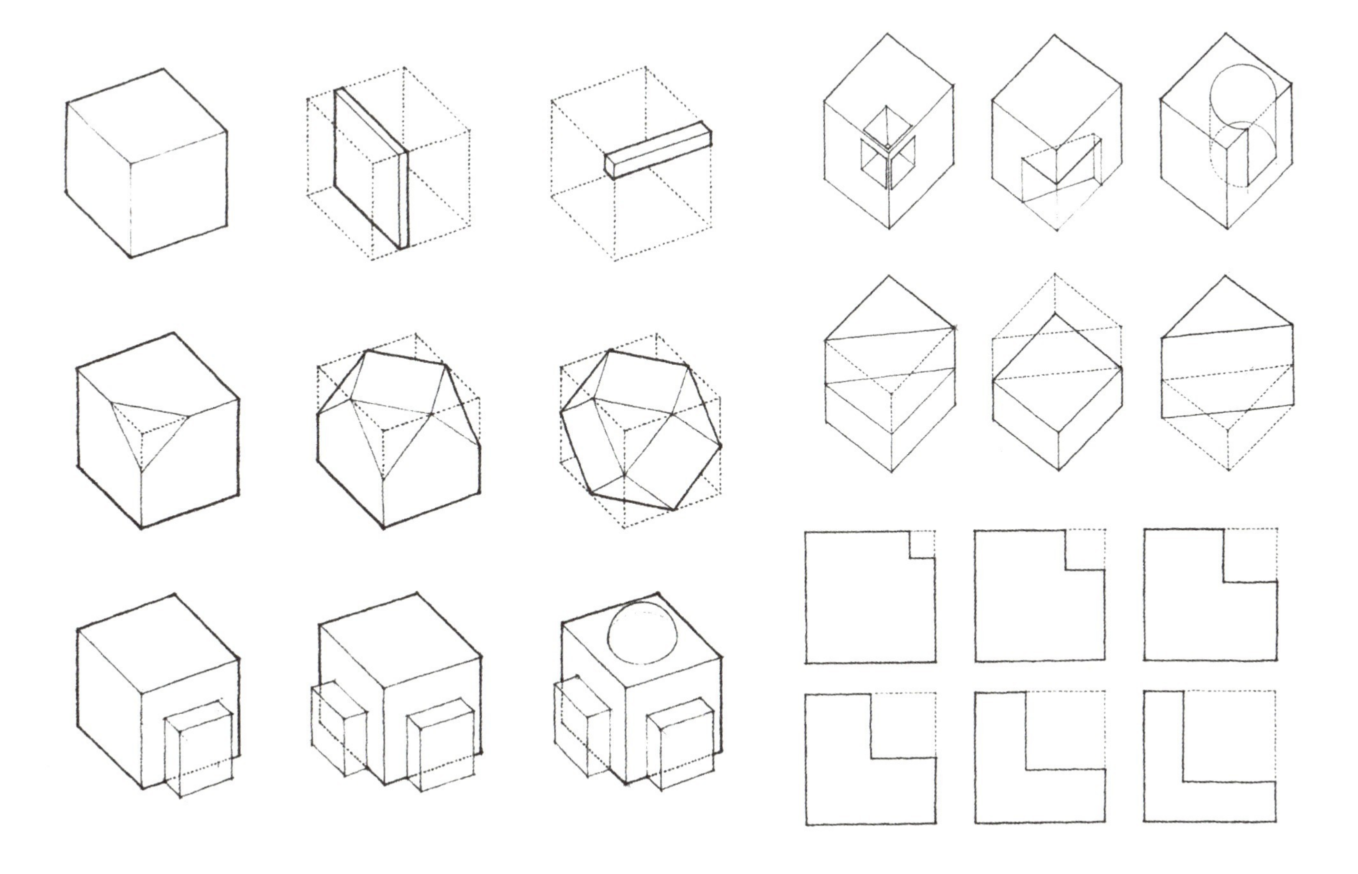

建筑的空间通过造型实体的不同消减方式得以呈现。空间实体与虚体的互动正是造型与空间的互动，空间实体的消减部分得到了空间，不同的消减方式得到了不同造型的空间。在空间的变化中，空间消减的部分与空间叠加的部分形成了建筑实体的外轮廓。这种视觉意义上的外轮廓，就是我们所说的视觉意义上的建筑造型。

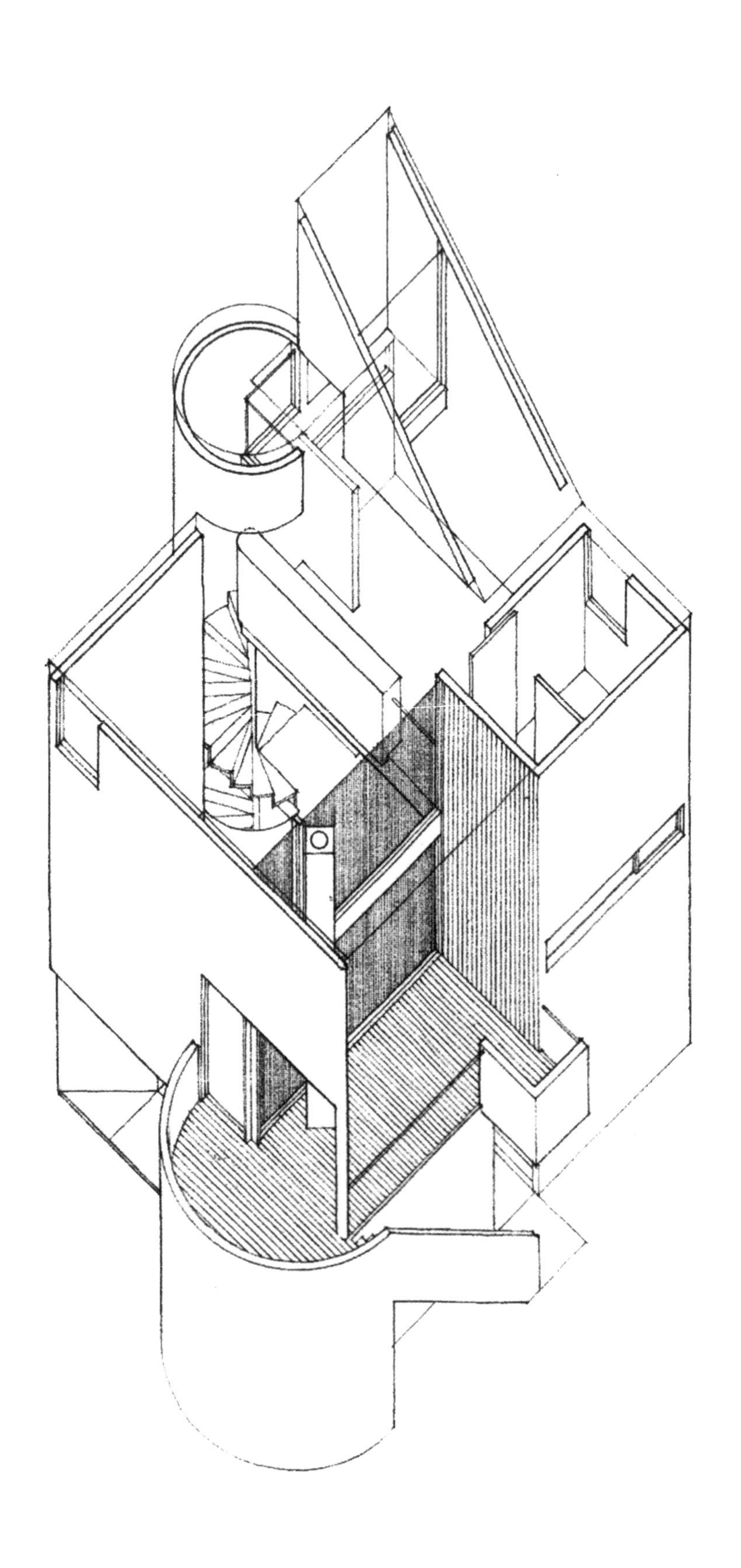

Gwathmey Residence/1967 年由格瓦斯梅·西格尔事务所设计的格瓦斯梅住宅，就是典型的通过造型实体与空间的不同增减方式获得的建筑造型，其几何形的分割与重组，既实现了造型的变化，又实现了建筑空间的功能要求。

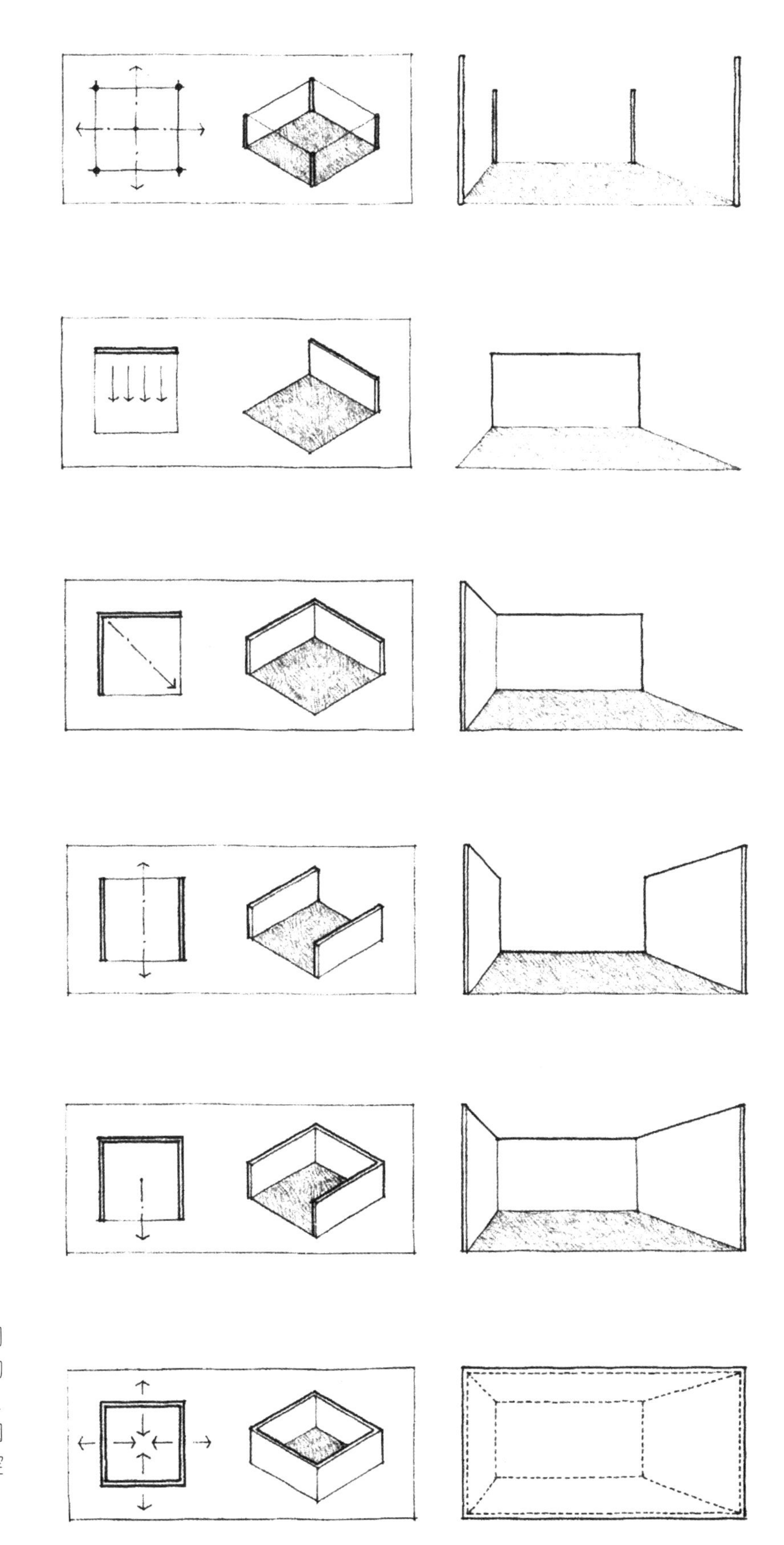

通过空间造型元素“面”的限定，可以获得不同的空间。不同的空间呈现出不同的使用功能，如稳定的空间、流动的空间、有方向的空间、开敞的空间、封闭的空间。正是因为空间中面对空间的分隔，使得空间具有了功能。

不同的空间开敞方式，使空间各个元素之间的关系更加丰富，比如在真实空间中，窗户的位置、门的位置、门窗与墙面的比例、位置变化所带来的空间与空间之间的关系变化，都使得空间的视觉关系更加复杂，也更加符合人们对于不同空间功能的需求。

在实际的建筑设计中，设计师正是利用空间构成形式的变化原理进行空间与造型的互动，才使得真实的建筑空间满足更加丰富的功能与视觉要求。造型的变化使空间丰富，空间的增减方式使最终的建筑外轮廓更加多变。正是造型与空间的互动，才使得建筑的形式与风格不断地演变。

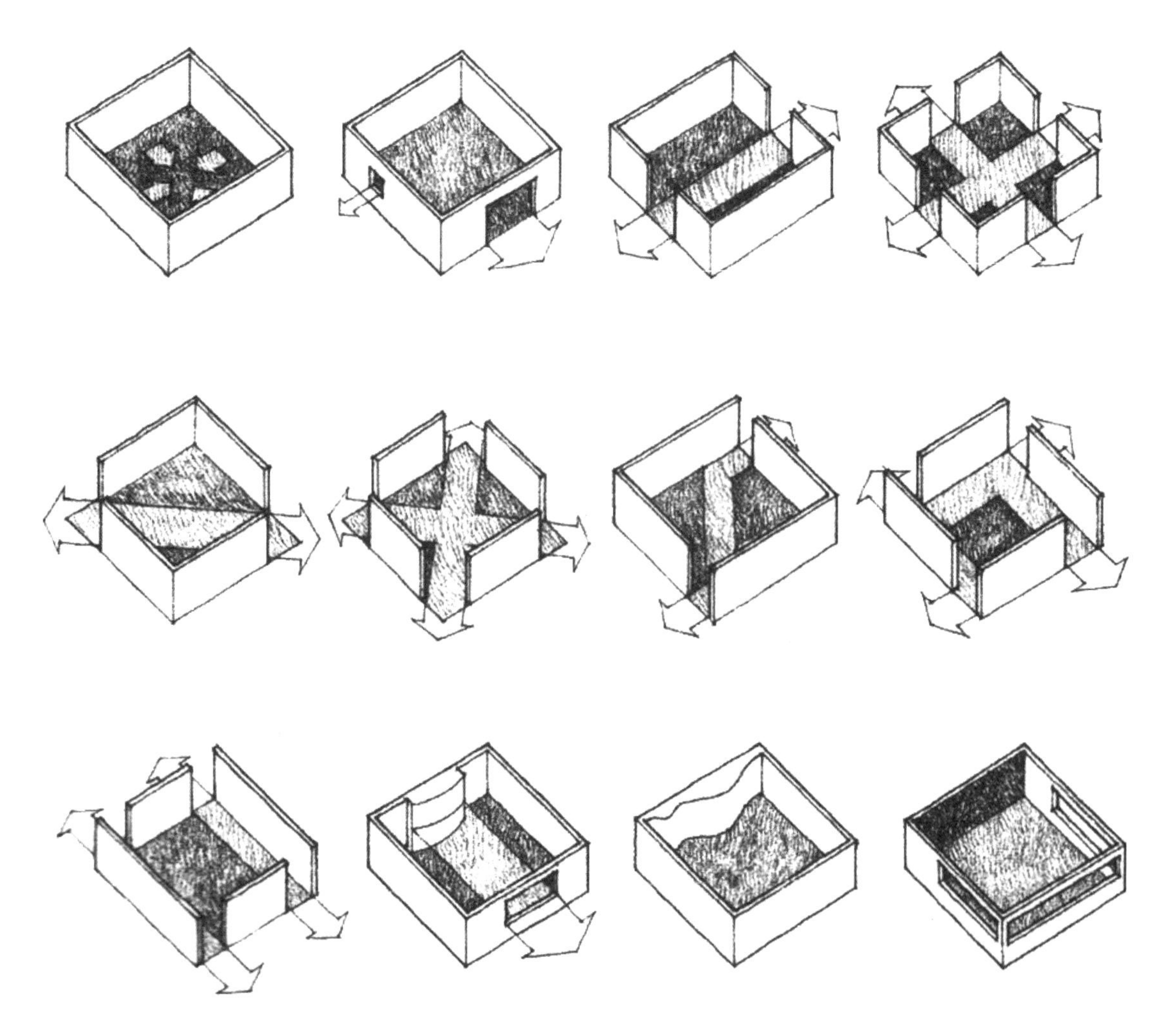

在《建筑：形式、空间和秩序》（详见“参考文献”）中，空间、视觉、感知，甚至在更广泛的领域，都从使用者的视角呈现出众多的设计形态，这种以“感知”反思建筑空间形态的设计方式，是空间除了功能以外，可以达到的受众身体、思想与空间的互动。只有达到众多功能以外的诉求，才能使空间真正地达到与人“融合”的状态。

第三章

课题训练的序列设定

一、三维造型作为设计元素

【教学内容介绍 08】

如何理解每个单独的课题的设置？基础课教学需要循序渐进，每一个课题侧重一个知识环节，课题的序列衔接就能解决空间设计的所有问题。所以，基础教学的知识点应该是对应“序列”关系的，课题针对性需要有所侧重，课题的设置需要承前启后，把众多基础知识在某一个课题中加以综合解决——至少采用这种教与学的方式在设计的基础课程阶段会事半功倍。

针对建筑、空间设计的相关专业（建筑、室内设计、景观、家具设计、工业设计等），知识点的序列性应该建立在从设想到构建，再到完成过程的基础上，一步步地把思维构建完整，直至完成最终的作品实物。在基础课题中的制图—造型—空间—材料系列课题的实践过程中，学生体会到的是从思维到构建（建造）的过程。

造型与空间的思维过程是一个复杂的过程，从立体构成学科的角度来总结——一切造型审美来源于自然，这是空间造型的重要标准——无论是来源于自然的形态还是来源于人工的形态，都是以自然的形态赋予审美标准与价值。工业设计中的“仿生设计”，用视觉化的美感形式统一了使用者心中工业产品与审美心理的距离，使人性化的审美标准贯穿于工业生产与设计的标准之中。建筑设计中的“仿生建筑”除了把自然界中的形态用于建筑的外观与造型之外，更重要的是通过生物形态的模仿与借鉴，使建筑具有智能化、功能化的使用标准，比如热带建筑设计中对蚁穴结构的借鉴可以使室内温度下降，以达到节能的作用；集合住宅设计中对蜂巢结构的借鉴，可以营造最大的节省空间，以获得建筑最大意义上的“可持续发展”；建筑构造设计中对动物骨骼的借鉴，使建筑达到了轻盈与坚固的最佳比……这些都是仿生研究对设计发展的意义之所在，需要在设计的基础课程阶段使学生明确。从设计的视觉意义出发，仿生设计完成了设计的造型审美，但其对设计产生的影响，绝不仅仅存在于“造型”层面。

对学生的空间意识的培养是第一步，在每次接触设计基础课程之前，很多年轻学生把设计需要的三维造型要求与造型的物理性质相混淆。符合物理性质的三维造型也许并不符合设计师的造型需要，更多的时候都显得“太简单”了，比如一个圆球体，完全符合“三维”造型标准，但其空间的想象力、造型的美感都显得过于平凡，如果将设计的造型语言与众多构成形式语言相结合，就会马上吸引观者的眼球。比如说，把圆球体打碎，再拼凑起来，就会在质感上具有更多的变化；用不同颜色的彩色玻璃黏合成一个圆球体，在造型肌理变化中加入色彩变化，就会显得更加吸引人；如果再辅助投射一束强烈的光线呢？把中间镂空呢？让光线从中心投射呢？这一系列的想法都是源自对一个圆球体的设想，但其中融入了空间元素、造型元素、肌理元素、材料元素、色彩元素，甚至光构成，所以从设计的角度来理解造型和空间，远远会比单纯从物理性质来理解三维造型要复杂得多。

二、启发学生进行空间的思维拓展

学生在设计基础课程阶段，提出的最多的问题莫过于“这些课程对我们未来要进入的设计学科会有怎样的帮助？意义何在？”

首先，是设计体验。对于设计基础课程来说，完成制作过程的体验是最快捷的对设计常识进行感悟的方式，很多时候通过过程体验就可以解决众多思维引发的设计问题。其次，是对标准的感悟。什么是好的？什么是最适合的？在设计的每一个环节都会出现众多选择性的疑问，选择的标准在于衡量元素的标准，而这种对标准的领悟同样也需要通过实践来解决。设计的基础课程需要通过轨道式的知识链接来完成实践，对设计的众多环节进行体验和感悟。

因为设计基础课程不是针对某一个特定的专业，所以在基础课题的制定上无法针对某一个专业进行知识点对接。前中央美术学院院长潘公凯先生在2009年的基础课研讨会议中提出：本科一年级的基础课程是设计与艺术的“大基础”，进入专业(或工作室)之后的基础课是“专业基础”，必须把这两者的概念分清楚，才能使学生在艺术与专业学科之间体会到基础课程的教学目的。

基于“大基础”的提法，从艺术与设计交融的角度去看基础课程教学，需要教师在课程中把握对学生的启发与引导的“尺度”，既不能用“艺术”的尺度使学生对课程作品理解得过于自我，又不能用“设计”的尺度使学生对课程作品理解得过于“严谨”；学生需要在进入专业学习之前，尽量打开思维，能隐约感受到设计因制约因素影响而使思维发挥囿于专业尺度。对于这种“界限”的把握，更多地需要学生通过对教学课题的实践，在课堂上与教师的教学互动进行尝试与感悟。

众多设计学科都会触及三维造型、空间创造的领域，但对于比例尺度、造型特性的把握却有所同，所以在授课过程中，针对每一个概念的解释，都需要从不同的学科角度出发进行提示与启发，才能使学生针对同一个概念，触发针对不同设计专业学科的思维。

三、造型与空间表达——以螺壳造型训练为例

仿生设计是从视觉造型的角度，对设计创作进行造型启发的一种思考方式。众多设计师成功的作品不断地验证了仿生设计不仅能使设计作品在自然形态与工业形态之间找到最佳的契合点，而且可以在设计领域融入生物形态背后的生态特性，从而使工业产品具有生态性能。在设计基础课程的空间造型训练环节，把众多精彩的、具有识别特征的生物形态作为学生对造型创作的启发点，是对基础教学的尝试。

螺壳的生物形态的视觉性独特，既具有很强的造型特点和可识别性，又兼具众多审美特性——数学的序列美感、构成形式的韵律美感。这种造型对于研究基础课题的学生来说，他们很容易获取创作元素，但对众多元素进行提炼与总结，也是需要在创作过程中兼顾的问题。

自然界中的螺壳形态（左上）
螺壳剖面具有序列美感（左下）

西班牙建筑大师安东尼·高迪的建筑作品局部（右上、右中上）
从生物形态演变而来的建筑作品（右中下）
澳大利亚建筑师伍重设计的悉尼歌剧院壳顶具有生物美感（右下）

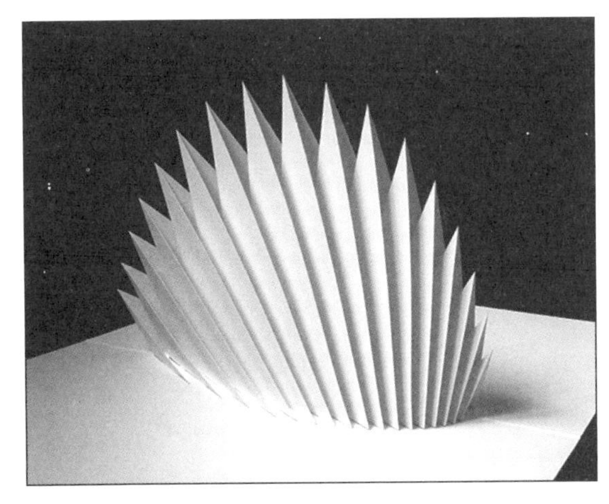

仿生是设计造型形成的重要方法，从生物的形态中寻找造型的元素，进行重新组合，就可以形成新的造型。新的造型中包含从生物形态中获取的元素。在螺壳造型的课题中，针对三维造型的获取、总结与重构，进行造型构成训练，从仿生的角度针对造型方式进行实践的体验与感受。

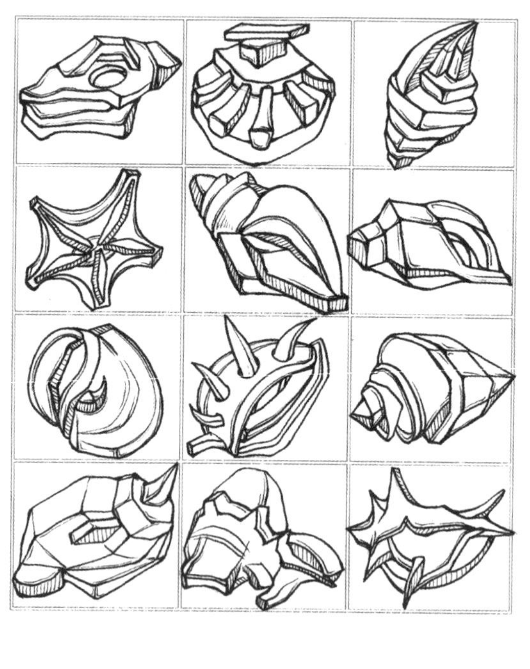

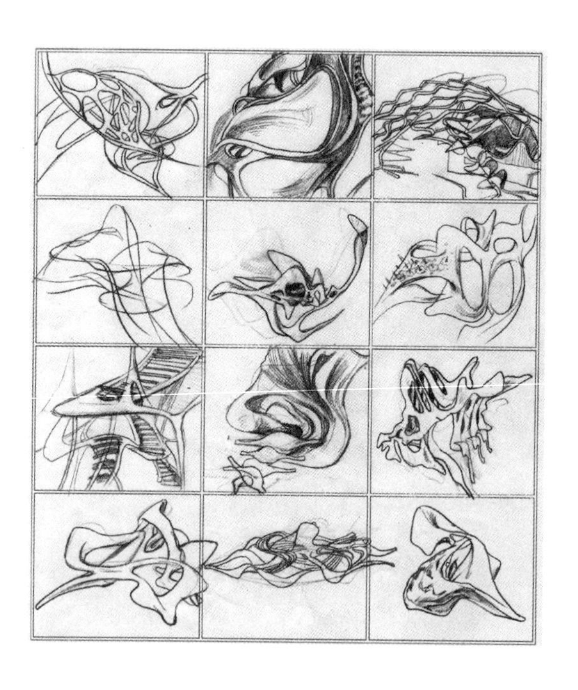

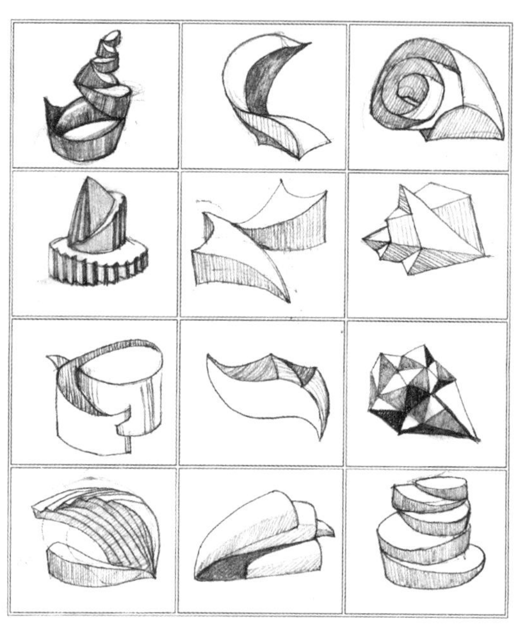

螺壳造型课题需要观察真实螺壳（提供真实螺壳、剖开的螺壳实物），从真实的螺壳、各种螺壳图片中获取造型元素，进行造型创作。学生需要从二维造型的设想入手，进行 12 幅螺壳造型草图创作，再从中选择 2 幅进行小型泥塑实物创作，最终采用泡沫材料完成 20cm × 20cm × 20cm 的实物创作。这个过程不仅可以训练学生利用草图和泥塑快速地对自己的想法进行表达的能力（众多设计专业需要利用草图和小型泥塑进行三维造型表达），而且可以使学生体会二维造型与三维造型的创作过程，以及二维造型与三维造型不同的思维方式。

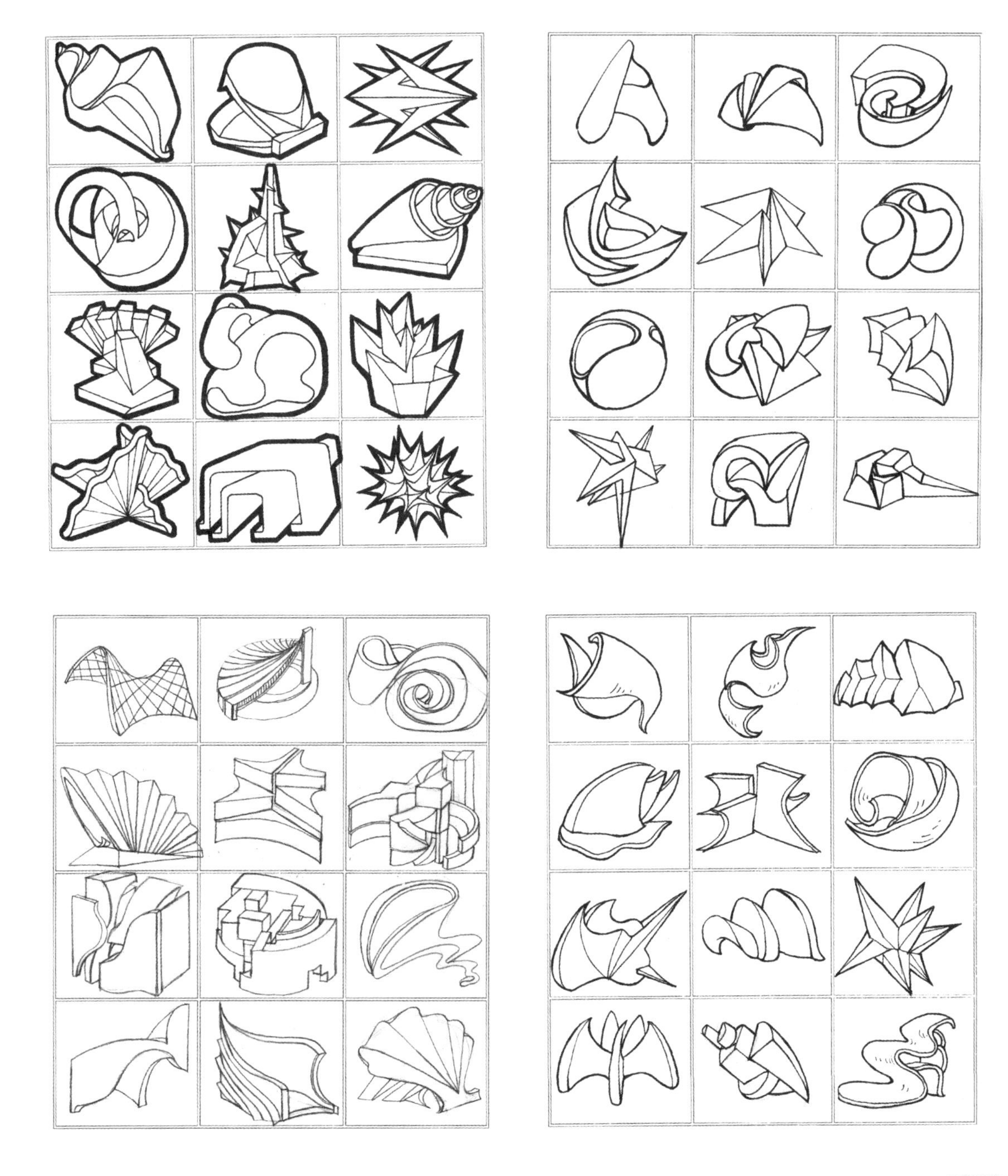

学生在课题实践中，针对螺壳造型的特征，可以迅速地进行提炼与获取，但对于新的造型创造，是需要时间去理解的。在完成全新的三维造型的时候，需要利用获取的螺壳造型元素进行细节的填充，以最终获得介于螺壳和新的三维造型之间的视觉感受。这种创作方式，会引起学生对仿生设计的关注，他们往往会思考，该利用怎样的方式融入螺壳元素？该怎样把握螺壳造型与新的三维造型之间的关系？这些思考与仿生设计（视觉造型角度思考）的思维方式会产生紧密的关系。

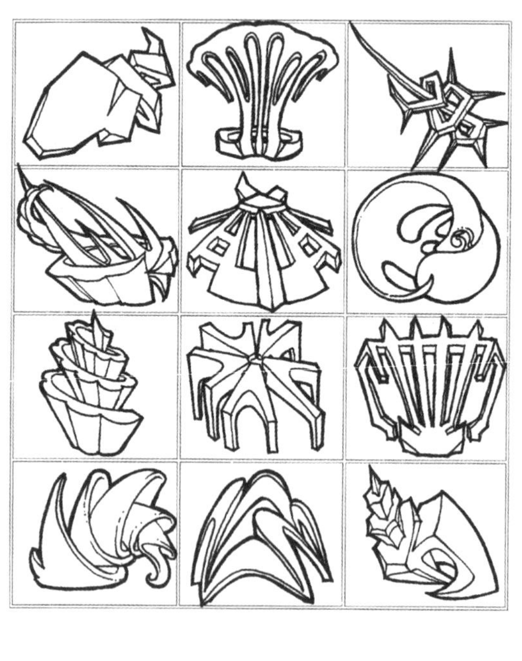

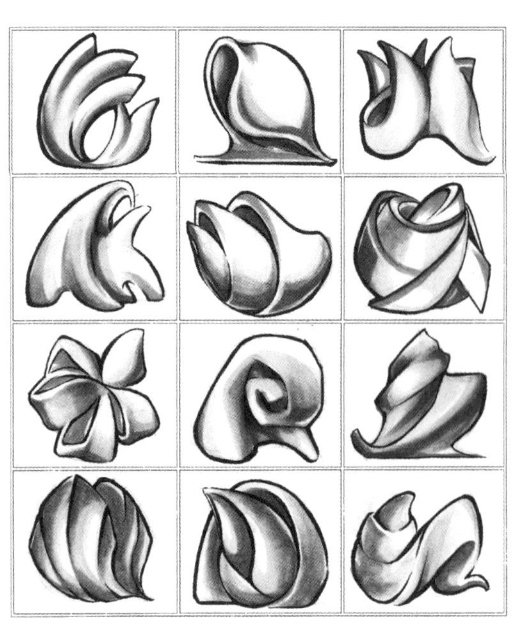

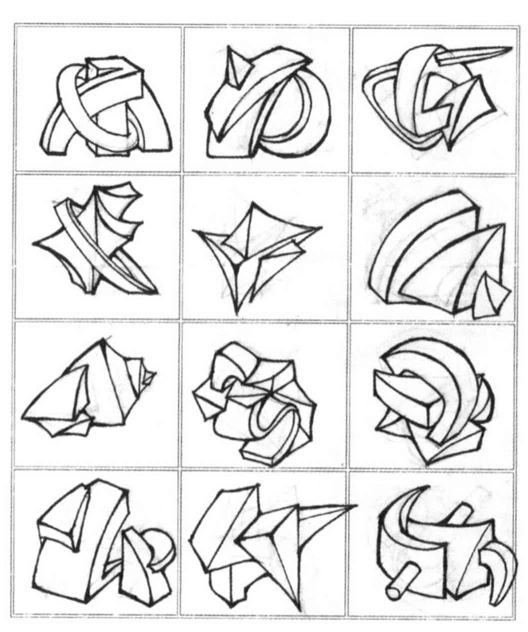

螺壳课题对于基础课题与设计之间的关系来说，是一个很好的课题案例。它利用很直观的方式，从视觉角度引发对三维造型方式与设计思维方式的关联思考。三维造型与空间的关系在课题模型制作过程中也得到了很好的训练，螺壳本身具有很明确的造型与空间，即由外而内的对应关系。

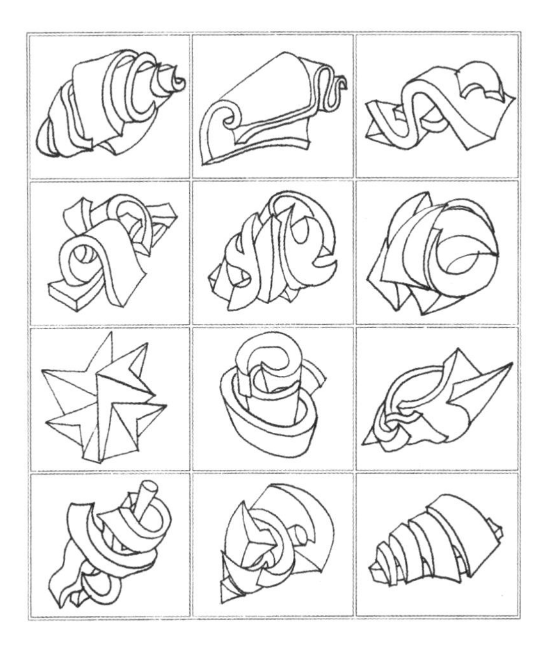

对课题的设置，课题教学小组通过多次对造型原形的筛选，先后尝试运用英文字母组合、文字笔画组合、抽象画局部的线稿进行从二维造型到三维造型与空间的转化，这些训练方式都可以对应后置设计课程的知识点。但是，最终选择作为原形的螺壳造型，综合了学生对造型的兴趣、获取造型元素的难易度、造型本身所具有的特征、对新造型创作的可发挥性，这些细节都会影响学生对基础课题的学习热情和兴趣。

在教学指导过程中，授课教师也需要针对学生未来要选择的专业，对应造型的思维方式、造型与空间的侧重等细节进行具体指导。在螺壳造型分解的课程环节，注重造型的学生会自发关注螺壳的造型轮廓，注重空间的学生会自发关注螺壳的剖面和内部结构，这些侧重充分说明了学生可以自发感悟到三维造型与空间在构成元素方面的细微差别，对这种视觉敏感度的培养也是学生对造型与空间创作进行学习的过程。

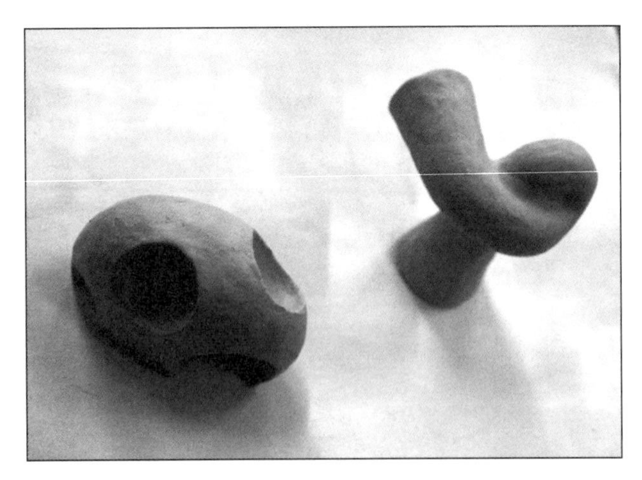

学生对于实物模型制作方式的理解，同样也需要指导教师的引导，因为学生往往在面对模型材料的时候，会觉得无从下手。从二维图纸、泥土制作的草模到实物模型正稿，作业要求就是最基本的构思方式，可以帮助学生适应从二维思考到三维实物成型的过程，中间的泥土草模或多或少会引起对最初草图的调整，其实践的过程既是创作的过程，又是思考的过程。

在实物模型制作环节，可为学生准备两种模型材料，即模型卡纸板、高密度泡沫，这两种模型材料分别适合于制作直面体和曲面体。

以螺壳造型课题为例，可以使学生在设计基础课程阶段，体验基础课程中设计细节与后置设计课题之间的关系。每一件设计作品往往需要众多知识点之间进行交集，而众多需要通过实践来感受的知识点，就是学生在设计基础课程中需要通过轨道式课程体验来进行体会与感悟的内容。

从螺壳中提炼出的造型元素，每个学生通过不同的理解，进行解构复制、解构、重构、简化、提炼等一系列的创作，最终可以获得全新的造型和空间构造。学生丰富的想象力也由此开始，他们从造型的特征、空间的构成两方面进行空间创作。利用从螺壳造型提炼的造型元素，可以构建一个可分离、闭合的空间。空间的造型元素、元素之间的构建方式，都与螺壳的造型有着密切的视觉关系。

作为从视觉出发进行元素体现与获取并最终进行空间创作的课题，螺壳课题具有代表性。螺壳既可以作为造型元素的来源，又可以作为创作的视觉依据、创作空间的外形借鉴。螺壳的造型既简练，又具有明显的视觉特征，可以使学生明确地感受到视觉语言的特征。从仿生设计的角度来看，螺壳造型与设计类型和设计方法有着密切的关系。

在设计基础课的空间训练部分，螺壳课题作为三维造型与空间课题的前置课题，为学生深入了解空间的创作方法提供了综合对应的知识点，可为后置空间课题更加深入地接近空间核心问题打好空间感知、空间体验的基础。

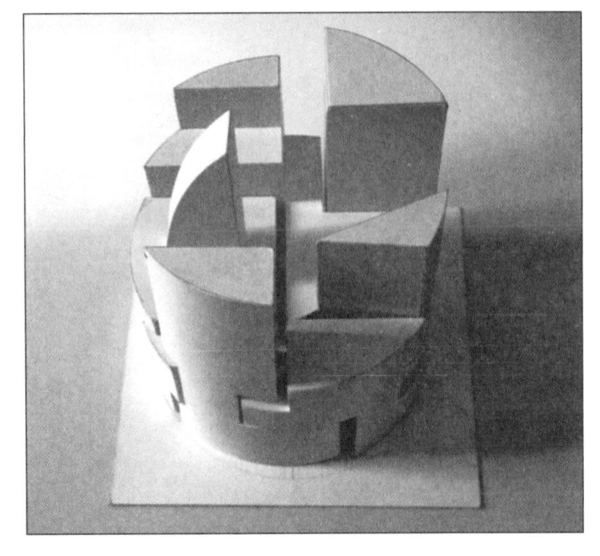

第四章

空间造型基础课程课题实践

本章所要介绍的课题内容如下：

课题 1　结构与光影

用素描的基本方式结构进行表现，借助光影的形式使空间具备视觉立体感。这是基本的绘画方式，这种方式可以促进学生对空间的理解。

课题 2　泡沫塑料造型与空间

选用易于制作曲线、曲面的材料，可降低学生的制作难度，也有助于探讨曲面造型局部与整体空间造型之间的关系。

课题 3　卡纸造型与空间

用直线语言作为基本构成元素，通过制作实践探讨直线局部与整体空间造型的关系。直线语言的构型方式可以更明确地与建筑设计的基本设计方式相对应。

课题 4　可转换的造型与空间

造型与空间、实体与虚体、体积与容积、结构与功能等设计要求都可以贯穿于课题之中，以盒子的方式进行对应的训练。课题要求空间造型的变化与功能相对应。

课题 5　空间与比例

完善空间设计以后，往往需要完善最基本的使用功能。要求使用功能的前提是，空间必须具有人体比例尺度（人体工学）的衡量标准，以适合人们使用，把人体比例与空间造型的设计互相结合渗透，使空间设计更适应设计的标准。在课题中，融入更多的设计元素，如可移动、可变化，以空间的设计标准引导学生对家具、包装、展示设计等领域进行更加广泛的思考。

在大学设计基础课的课堂上，应对空间造型问题，需要紧密地与专业知识接轨。从制图的实践到实物的制作，都以“多角度的理解空间造型的方法与规则”为主线，从“草图—制图正稿—黏土小稿—实物制作（泡沫塑料与卡纸）”，学生可以逐步理解从制图到二维面、再到三维实物表达的过程和关联性。

德国包豪斯学院的设计教育影响了世界现代设计教育。在包豪斯学院的设计教育中，主张以艺术的标准衡定设计的标准，并把设计与工业生产相结合。这样的教育方式使学生的眼界开阔，没有自我闭塞在某一个设计类别的技术层面。在包豪斯学院的设计作品中，空间设计的表现图不是为了作为空间设计的制作说明图纸而存在，而是为了可以出现在绘画、平面设计，甚至戏剧、舞蹈等更广阔的艺术领域。画面中对于空间的表达，已经超越了空间本身，并成为视觉空间感（二维空间意义的视觉空间表现）、空间造型（三维空间意义的空间表现）的表达方式。

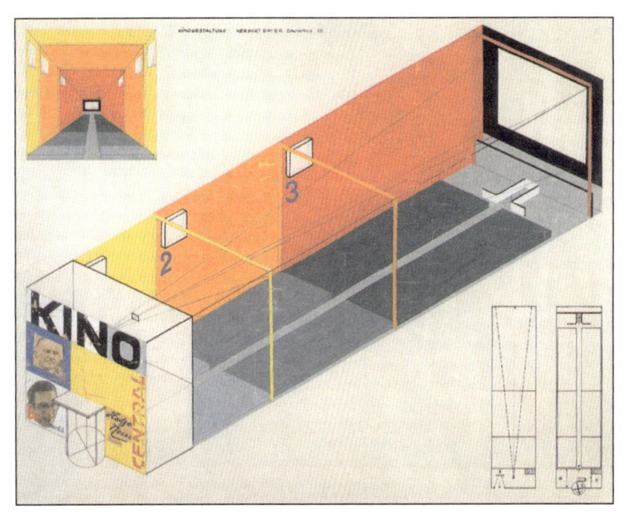

在包豪斯学院的设计基础教育中，把空间概念与绘画、装置、海报设计相结合，使空间造型可以在二维和三维的表现形式中再现，甚至将空间意识引入更广泛的艺术领域，如音乐与舞蹈。譬如说，舞蹈家玛莉·魏格曼用肢体语言，结合场景空间的视觉符号，进行二维与三维空间语言的综合表现，使空间语言的表现形式得到了极大丰富，也把空间的可运动、可变化与空间表达语言进行了结合。

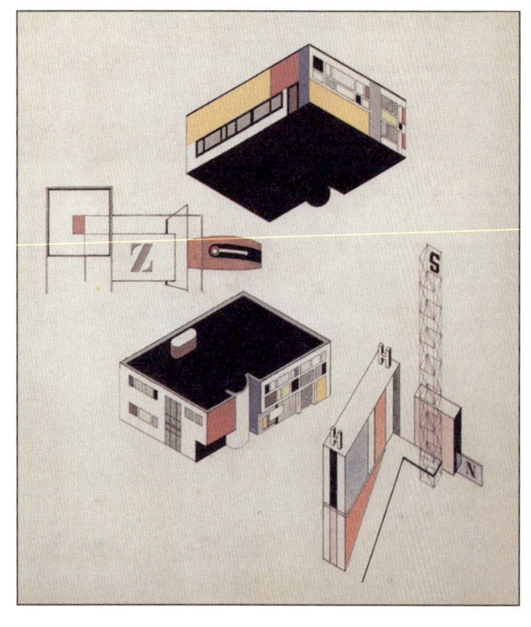

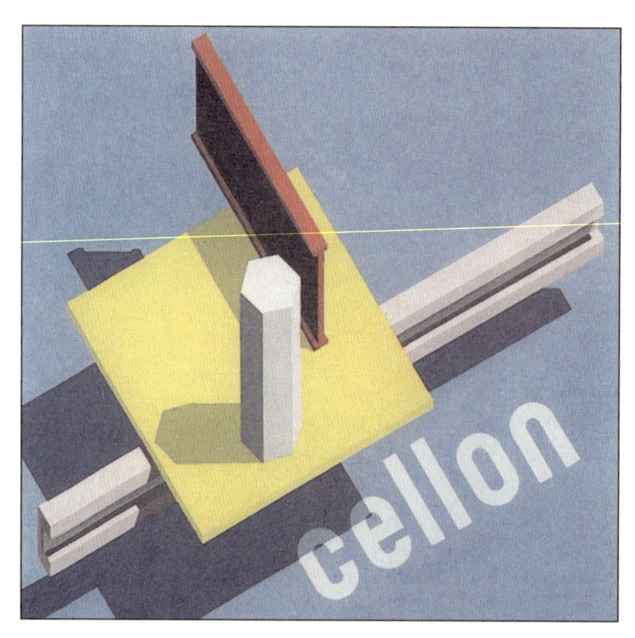

在现代主义的建筑造型中，正方形渗透在建筑与空间的每个细节中，作为模数、视觉语言、建筑结构而存在。从建筑表面来看，正方形（与正方体）的应用，已经是一种典型（或者主流的）建筑形式的存在。在艾瑞克·欧文·摩斯与彼得·埃森曼的建筑中，都用到大量的正方形元素，无论是建筑的外形，还是内部空间、建筑结构，正方形的应用都贯穿于建筑设计内与外的每个细节。建筑设计师对于正方体的钟爱的一个原因在于，正方形与正方体是空间的最简约形式——无论对于造型还是空间而言，正方体是最坚固、最经济、最大体积占有空间的象征，也是最本质的建筑语言。

仅仅使用最简单、最本质的空间造型语言——正方形（正方体），可以获得丰富多变的空间形态、曲线、斜线、自由弧线，而且可以在正方形的运动轨迹中完成。

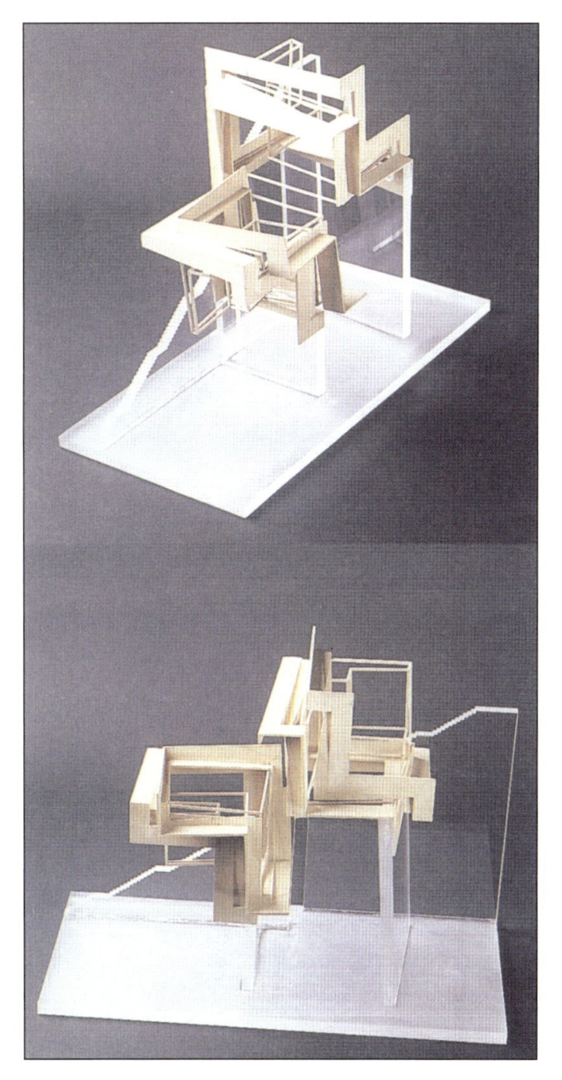

建筑外观好比人的表情，而室内设计好比人的内心，建筑设计与室内设计的关系，好比人由内心到表情的自然流露。建筑设计师把建筑结构与室内设计浑然融为一体，让人无法分辨哪里是必需的建筑结构，哪里是作为空间装饰而存在的造型穿插组合。这种室内设计中的形态与结构，符合现代建筑设计的审美标准。

设计师的风格往往取决于设计时惯用的空间造型语言，如彼得·埃森曼的直线穿插、史蒂芬·霍尔的流畅弧线等，这些都是建筑师惯用的设计语言。这些设计语言的自然流露形成了每位设计师的设计风格，也形成了室内空间的特质。

室内空间的设计语言也需要富有表现力的细节，如空间中“对比”的应用，色彩对比、体量对比、(材料的)质感对比等，这些对比的应用使空间设计语言的丰富性得到提升。空间细节的对比常常运用直线与曲线、大体量实体与线性结构、有序与无序、钝角与锐角等方式，使空间细节成为室内空间设计的亮点。

对比的方式可以使空间细节的设计应用更加突出视觉美感。但是，往往视觉构成的美感，需要多与少的数量对比，才能够使设计师想要突出的视觉美感在整体中得以明确体现。在对比量的界定中，切忌“平均”，量的平均必将导致整体对比上方的视觉混乱、不明确。真正明确的对比，应该是很悬殊的大部分与极少数量之间的对比。

【课堂教学——学生作品介绍及反馈】

课题 1　结构与光影

课题要求：用素描的方式对不同的空间造型进行表现，利用空间造型与光影的关系，使画面空间造型具有二维的视觉空间感。

通过最简单的画面表现，造型与光影之间的关联会引发一系列空间问题。实体与空间、空间实体与构架、实体的内部结构等，都可以成为画面表现的元素，最终获得画面中的视觉空间感。

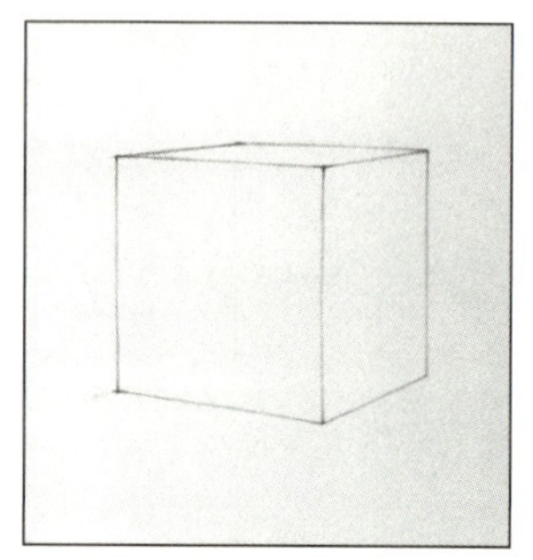

【教学内容介绍09——课题 1】

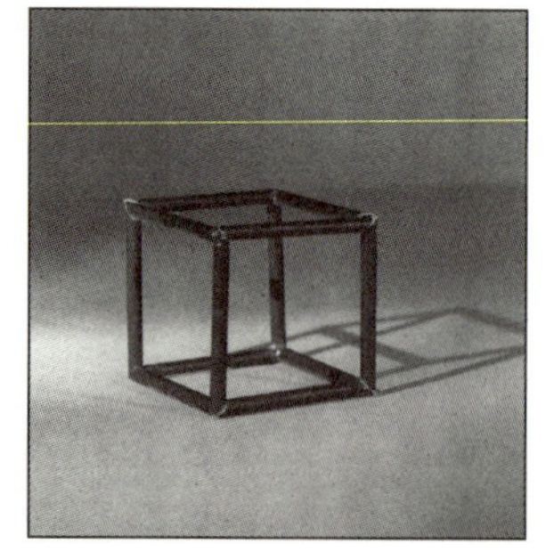
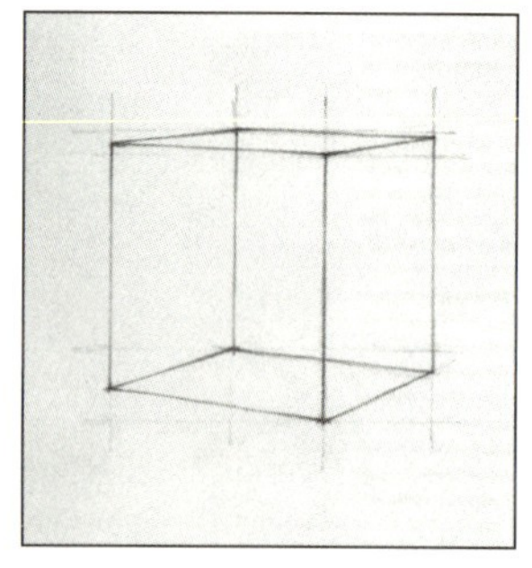

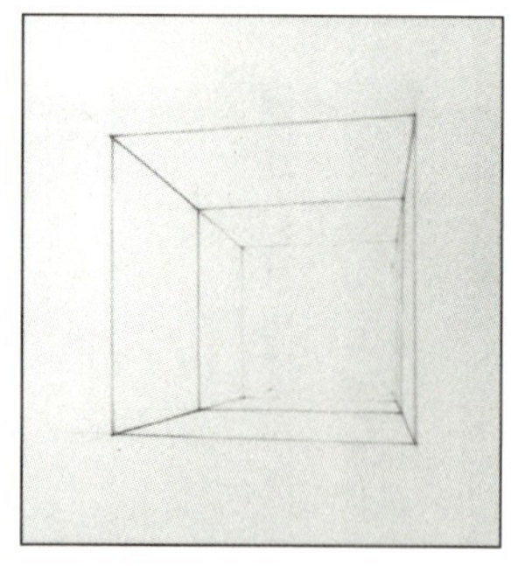

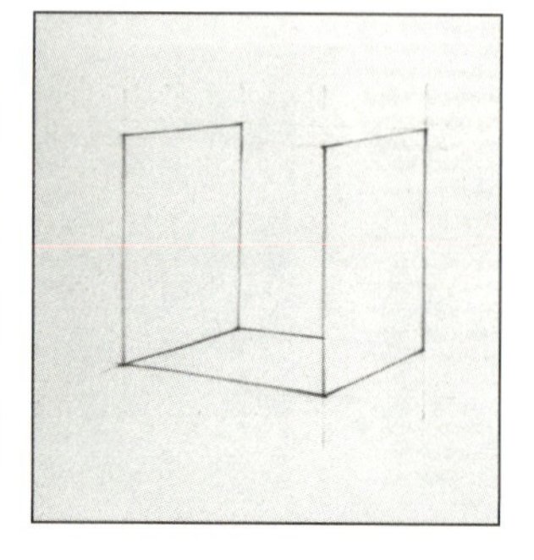

正方体是最单纯三维实体的几何体之一，也是建筑设计最常用的设计元素，与建筑的模数、比例、结构有着千丝万缕的关联。正方体的状态——实体、线框、空间、结构，在素描的表现中，可分别用不同的方法进行表述。

从线的表达（外轮廓、结构）到最终线加光影的综合表达，通过实践都可以感受到空间的表达。需要考虑的透视、结构和光影，这些都是在建筑建成以后，在设计过程中对建成实物的设想。如何缩小设计与建成之间的误差？这必须依附于设计师准确的空间想象力。

在典型的欧洲教育体系中，基础课程教学的方式深受包豪斯学院现代设计教育的思路影响。例如，匈牙利佩奇大学建筑系本科基础课成课题训练是：用素描的形式把建筑学需要的空间认知以最简单的方式进行绘画方式的表现——线的、结构的、透视的、空间的、光影的，通过最直接的素描方式，可以使学生很直观地感受到建筑设计的空间表现要素。

该课题训练从单纯的正方体—正方体的组合—正方体的实体、空间、结构变化—正方体的切割、重组空间想象—造型与光影的对应等方式循序渐进地进行。

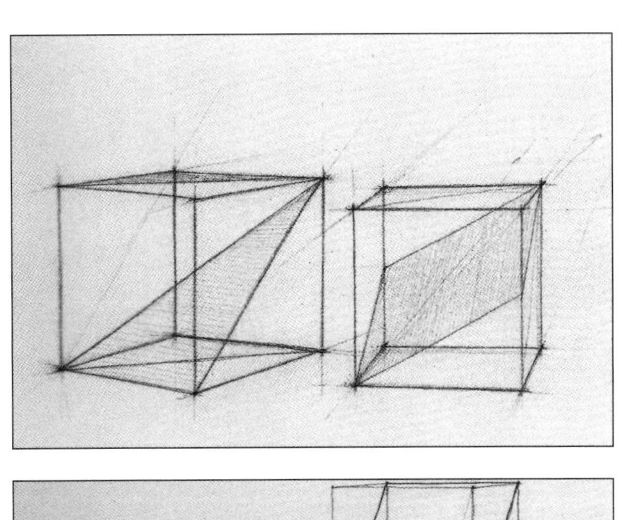

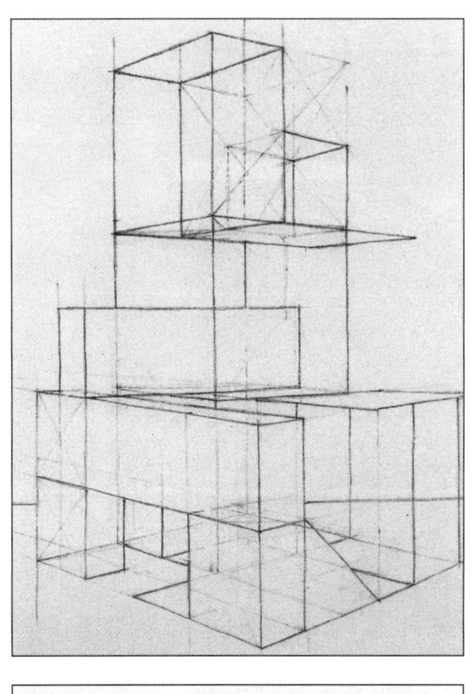

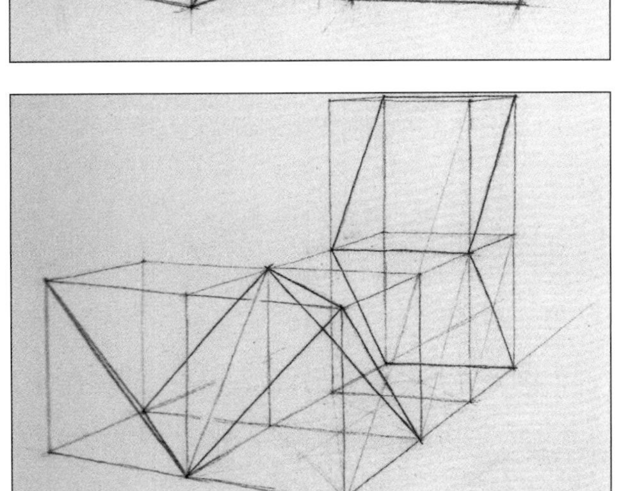

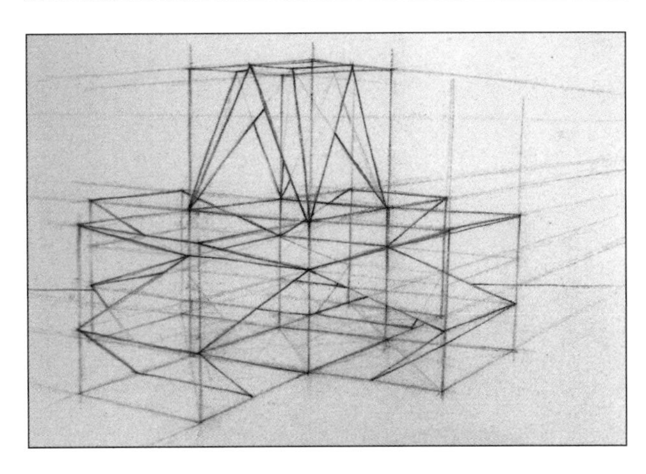

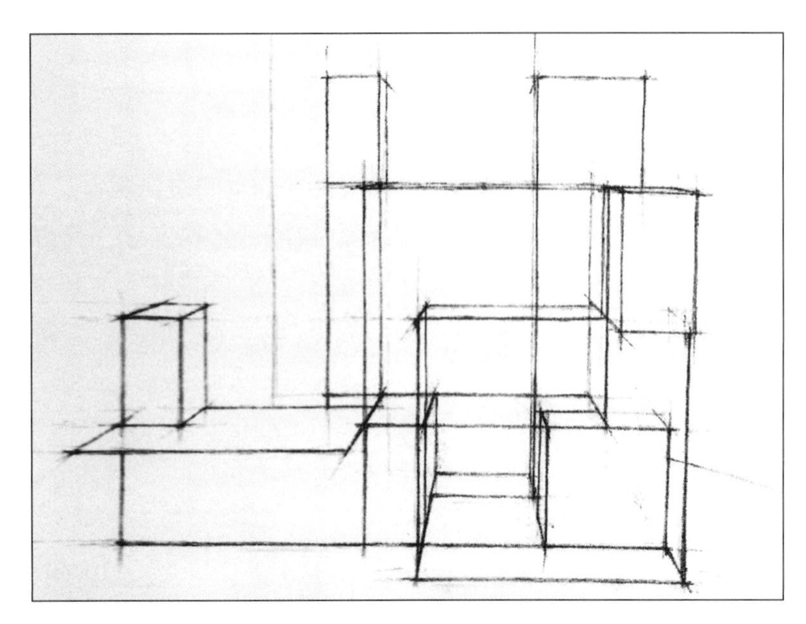

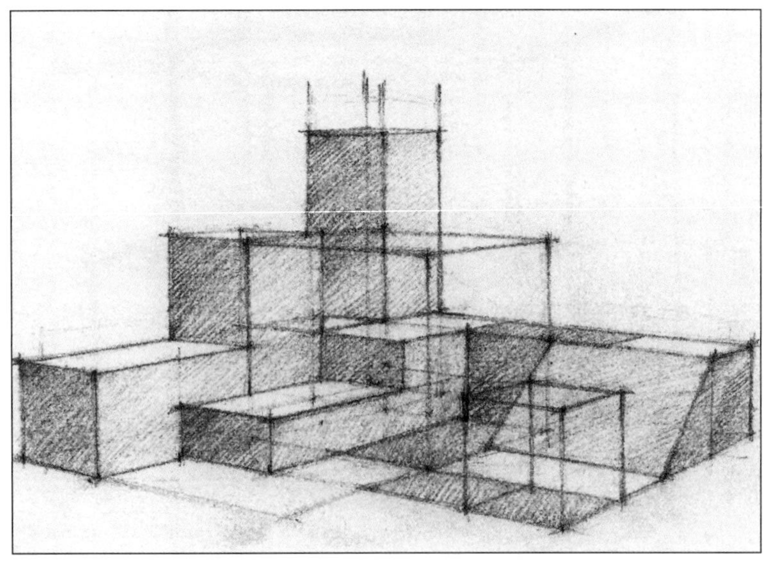

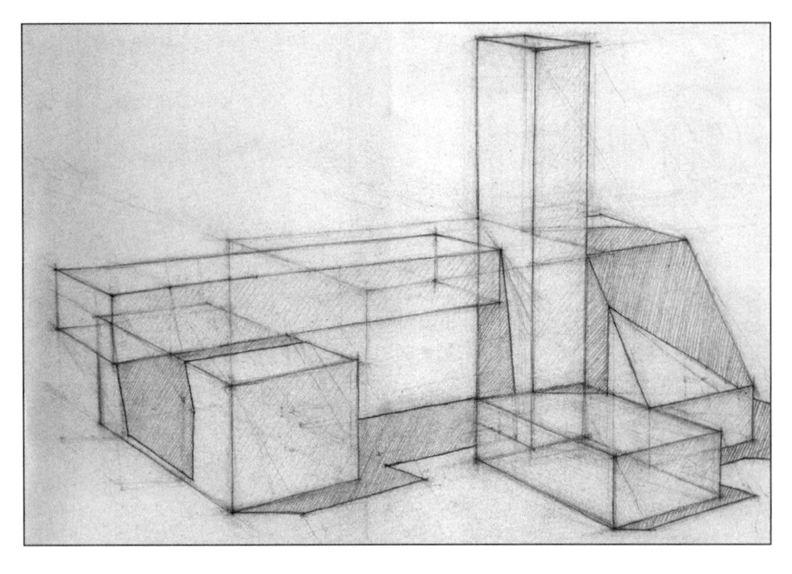

在课题训练中，正方体既可以作为整体的构成元素，也可以作为整体空间造型的外轮廓，用于几何形体的最大体积填充，从而作为被切割重组的原型。在众多课题训练的结果中可以看出，正方体与整体空间造型的关系是围绕建筑设计的基本方法来进行课题训练的知识点的思路链接的。

从正方体中切割出的更加丰富的造型，与正方体、长方体的外轮廓形成紧密的联系，再进行重构与组合，可形成更为丰富的空间造型。这个过程暗含正方体的比例、模数，使局部与整体的关系更加密切。

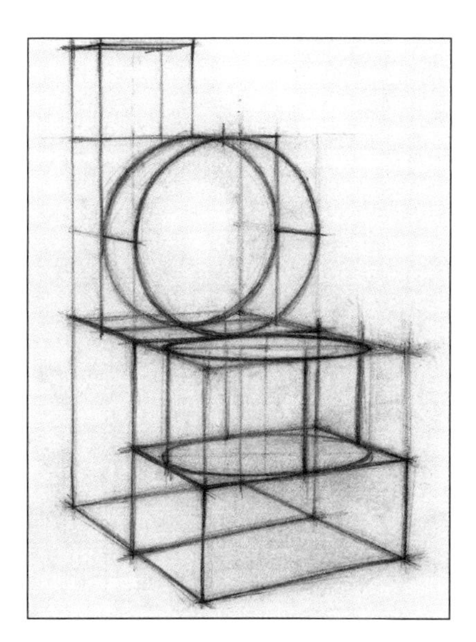

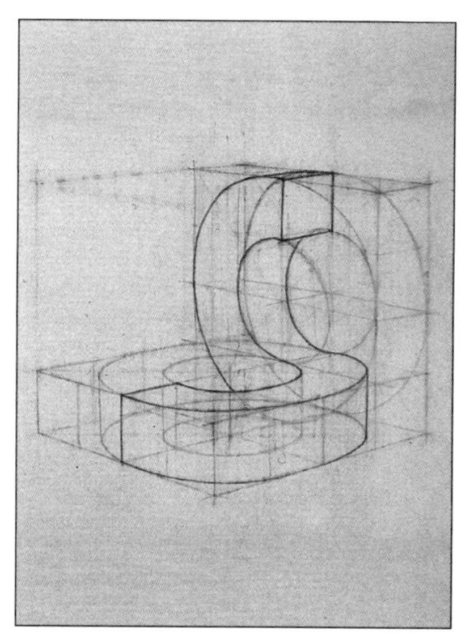
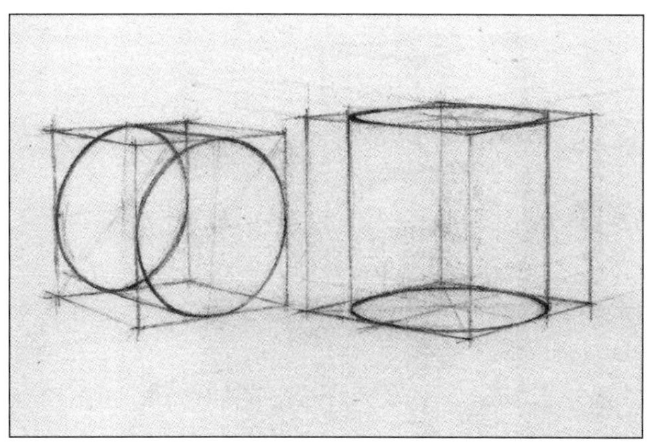
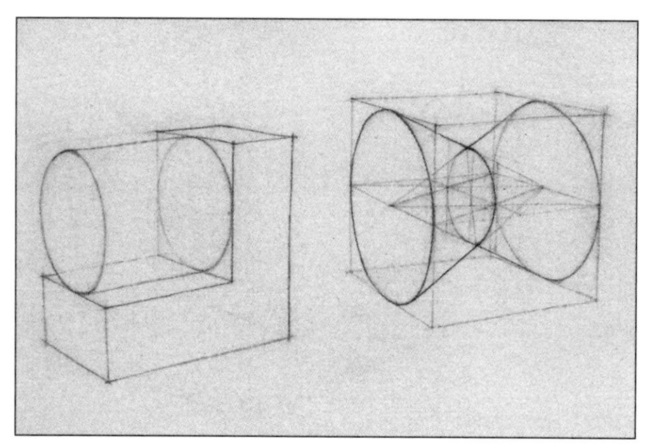

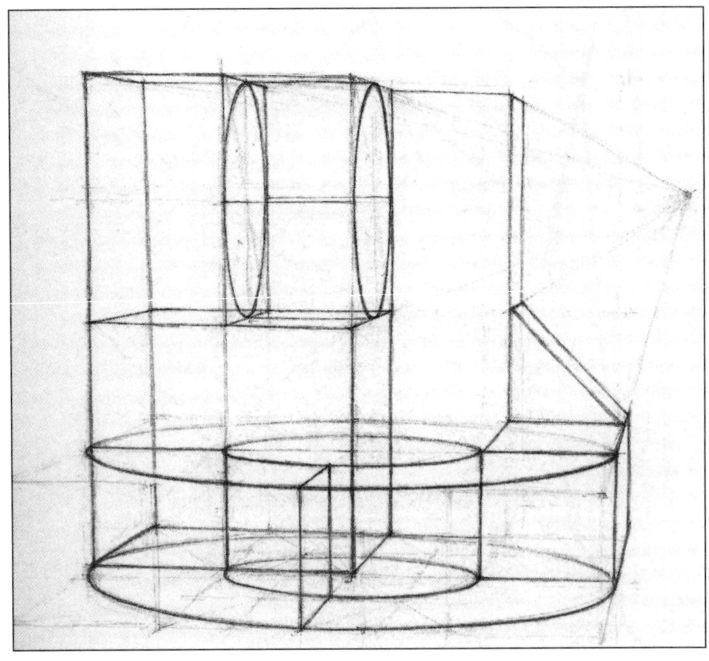

素描线条可以勾画出空间实体的造型，但无法表达空间实体的转折与凹凸变化，而借鉴光影的变化，就可以用最直接的方式表达线条无法表达的空间造型美感。

在建筑设计中，也需要通过图纸来表达，设计时能够设想出建筑成为实体后的空间造型会带来建筑的光影变化。建筑实体的空间造型转折和凹凸必然带来光影变化，而设计师对空间的想象力必然包括对建筑造型与光影变化的关系设想。

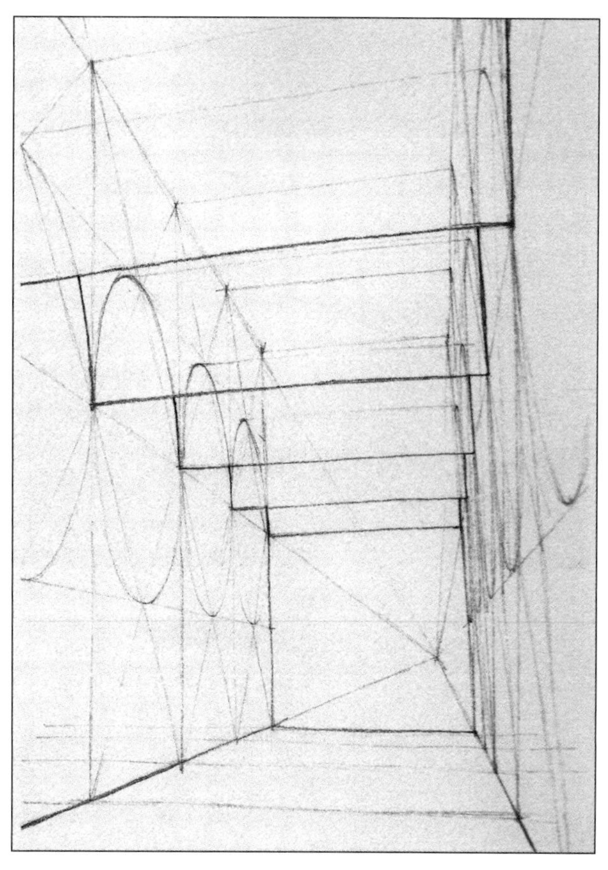

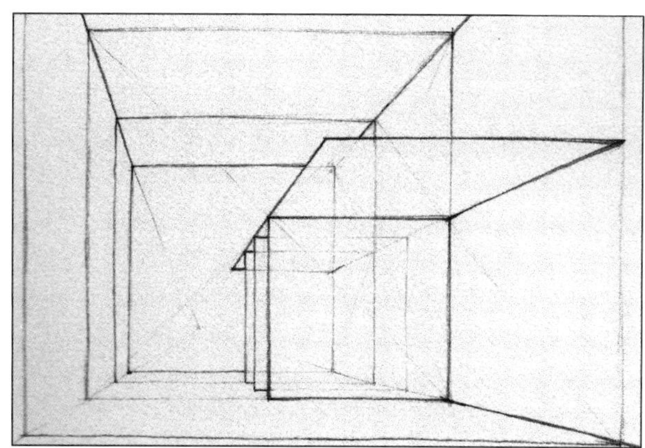

从正方体的空间造型变化转换到真实空间的造型归纳，会很直观地感受到经过细节删减的空间形态，它们都是来自正方体、长方体，或者来自正方体切割的直观空间造型，而这些造型可成为空间的主体元素。

空间造型的基本构架都是来自最单纯的几何体造型元素。空间造型的丰富度并不仅仅来自细节等变化数量，而是空间造型语言所带来的组合与穿插美感。造型在空间内的转折、凹凸、穿插等变化，都会影响整体空间的视觉丰富性。

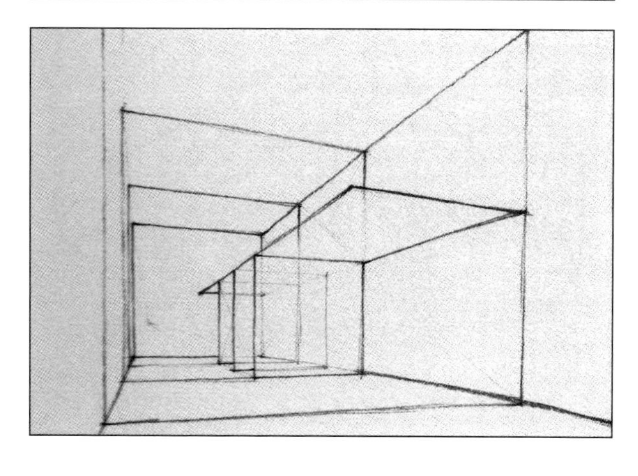

利用素描中线的透视原理进行空间创作，可以把对集合体构成的空间理解方式转化为最简单、最直接的空间创作方式。在训练透视的同时，素描可以使学生感受到构筑空间感的方式与真实三维空间中的视觉效果之间的关系——在真实的空间中，通过视角变化，可以看到怎样不同的视觉效果？由此引发的众多画面问题都与建筑设计的方法传承密切关联——视角变化将给空间造型带来怎样的变化？人的正常视角在空间造型内看到的视觉效果与设计师想要表现的效果设想是一致的吗？人体比例与空间的尺度应该怎样调整，才能校正人的正常视角带来的比例变形？

反思建筑设计中的一些实践细节，为什么从图纸的立面图上看，高层的立面装饰有些偏大？因为人的正常视角需要仰视，通过比例的近大远小进行调节，在正常视角看来，这些细节会显得正合适。为什么欧洲古典建筑的人体雕塑从立面上看，头的比例会大一点，上身的比例会长一点？因为需要校正人的正常视角通过仰视获得的正常比例视觉感受与真实比例的误差。在很多时候，建筑设计方法的很多细节，都是来自人对透视的理解。

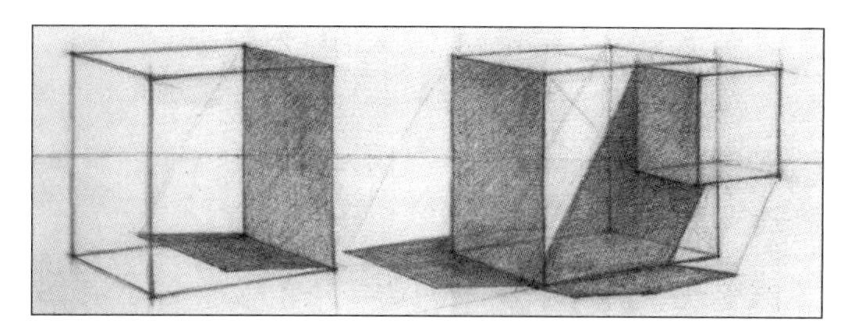

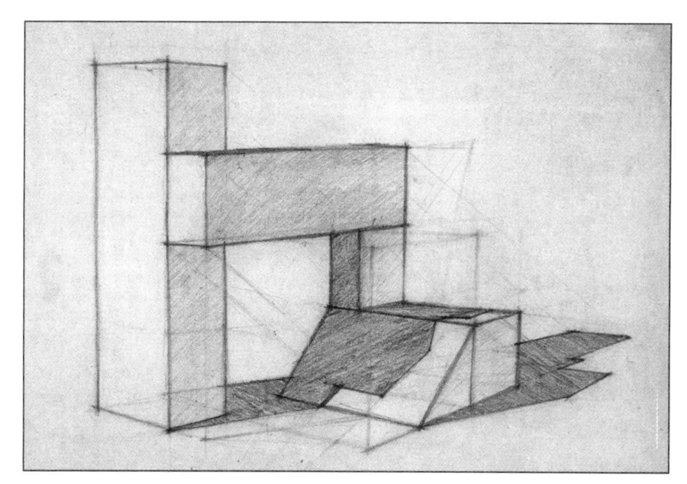

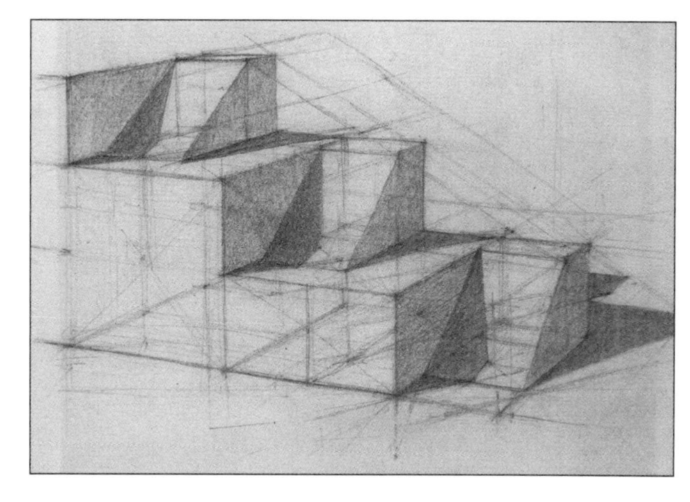

用素描方式表现的空间造型，在线的基础上加上光影变化，可以使二维画面呈现出更加丰富的三维视觉效果，这种效果与建筑设计的方式有密切关联。对空间造型光影效果的设想，不仅能增强了画面表现的空间真实感，而且是拓展空间想象力的重要环节。

通过真实空间造型集合体的静物组合、灯光配合，可以使学生获得真实的空间造型与光影感受，所以长期素描作业可以使学生在画面中获得精细、真实的空间感和柔和的投影过渡细节。空间造型与光影的配合，使画面的黑白灰层次异常丰富，与背景配合成为完整的素描画面。

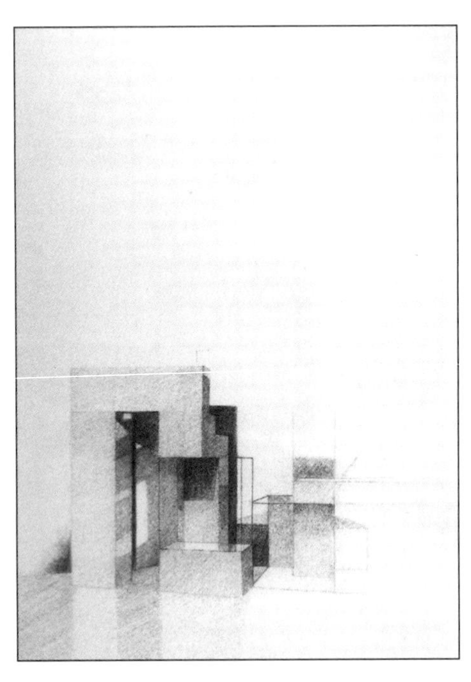

光影因素的介入，使空间造型细节与细节、细节与整体之间的关系更加和谐统一。

相对于建筑设计中的空间造型，色彩对建筑设计来说并不重要，其作为材料的附属元素或者建筑表皮的装饰语言而存在。在空间绘画训练过程中，色彩作为绘画工具和表现形式的选择，可以使空间更加真实，可以使空间与背景以更加融合的绘画方式存在。

空间造型训练以绘画方式呈现的最后一个环节是，通过比例、模数的融入，几何体块穿插组合的目的已不再是构成本身，比例的导入使人体工程学与空间形态产生关联。我们可以感觉到画面中的点、线、面，柱材，面材，实体造型已经具有明确的视觉联想——柱子、墙面、阶梯、隔断，这种来自建筑细节的联想，将单纯的空间构成训练与建筑设计方法更加明确地联系到一起。

空间造型训练需要把几何形体的绘画表现与最终的空间创作贯穿在一起，最终的空间真实感可以理解成抽象几何形态的具象演化，也可以理解成寻找现实空间中的立体形态并与抽象几何形态进行对应。空间素描训练可以使学生最终通过实践，实现从抽象的几何形态到具象的空间场景的对应，从而对空间的二维语言到三维语言的视觉转换方式有所领悟。

欧洲主流的建筑基础教学深受包豪斯学院现代教育方式的影响，用绘画的方式启发学生对于空间的创作感悟，用绘画的方式再现空间造型与光影之间的关系，使学生从视觉的角度理解空间创作的方式。国内许多建筑设计专业也在基础课的开始阶段，沿用素描的方式，从写生到变化，从具象到抽象，使学生理解视觉空间的创作方式。

本课题的意义在于，一方面，利用简单的几何造型，从写生入手，用线的方式、结构与光影结合的方式、透视的方式表达空间（视觉空间）；另一方面，把几何形创作的抽象空间与真实空间中的具象造型相对应，使学生对空间的理解从抽象到具象逐渐完善。这种用素描的方式理解空间的课题训练，可以使学生在基础课程阶段形成完整的空间感受。

课题 2　泡沫塑料造型与空间

课题要求：用定制的 20cm × 20cm × 20cm 高密度泡沫塑料为材料，制作一个空间造型。尝试使用螺壳造型（外观与内部结构）、汉字变体（学生的名字）、字母组合等作为设计元素。课题从材料的选取上决定了空间造型的风格，与后置课题卡纸造型进行相应的空间造型风格对比，形成完整的空间造型课题。

无论是雕塑家亚历山大 · 考尔德的景观雕塑，还是建筑师扎哈 · 哈迪德的建筑，都因为作品中运用了流畅的曲线而形成舒展、飘逸的动态美感，使作品打破了雕塑与建筑、艺术与设计、外形与功能、感性造型与理性造型之间的界限。

【教学内容介绍 10——课题 2、课题 3】

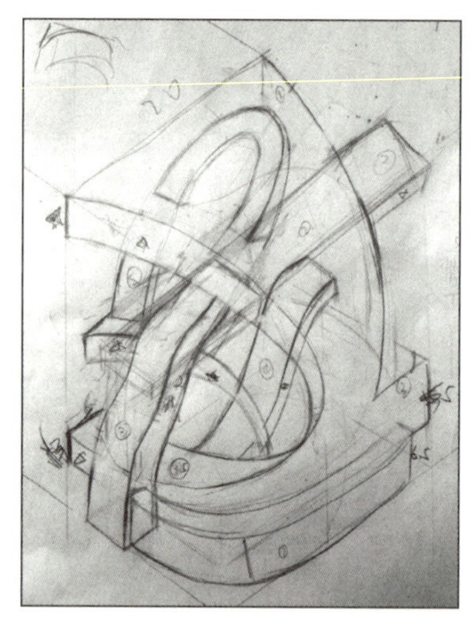

学生制作课题模型之前的手绘草图（上）

景观雕塑 / 亚历山大 · 考尔德（下左）

迪拜歌剧院 / 扎哈 · 哈迪德（下右）

解构主义建筑师艾瑞克·欧文·摩斯的建筑，无论从整体还是从细节来看，造型都充满了个性化。在他的设计理念中，喜欢把剖面的结构美感呈现在建筑立面上，使建筑整体充满了破碎、交错的个性化表现。这种对建筑美感的理解，使他的建筑充满了神秘感。

这种建筑形态设计的灵感来自什么？我们不得而知，但怎样的设计方法可以使建筑师对于空间造型的创造力源源不断呢？在众多设计作品中，我们能看到设计师借鉴造型的成功案例，他们把存在于自然界的自然造型进行分解与重组，获得了更加丰富的人工造型。

在现代设计中，很多设计师认为从自然形态中可以获取有生命力的形态，用于克服工业设计给人们带来的疏远感，这种意识形成了仿生设计的风格——用模仿和借鉴的方式从自然形态中获取造型，使设计产品具有生态的美感，以此贴近使用者的心灵。仿生设计这种从生物中提取设计元素的设计方式广泛地被设计师接受，其针对生物形态的提炼与获取，由具象形态进行元素获取进行重构的方式，促进了现代设计中多种设计风格的发展。

在中央美术学院设计学院的基础课程中，就一直保留着从真实贝壳形态(外观形态、内部结构)中提取造型元素的课题，引导学生从仿生设计的角度对造型创作来源进行思考。对于从贝壳中获取的形态分解、重构，可以用理性分析的造型原则获取到新的形态，以满足设计造型的需要。

对比海螺剖面造型与艾瑞克·欧文·摩斯的建筑剖面、裙装设计与水仙花朵的造型，可以感受到造型的相似性。在许多成功的设计案例中，虽然设计师非凡造型的来源我们不得而知，但是模仿生物的造型，从生物造型中提炼造型元素进行重构以获得全新的造型，却是设计中非常重要的造型来源。

中央美术学院设计学院基础部课程立体构成环节的泡沫造型训练作品参见 P103-109。

海螺剖面造型与艾瑞克·欧文·摩斯建筑剖面的造型对照（上）

《时装 L'OFFICIEL》2012 年裙装设计与水仙花朵的造型对照（下）

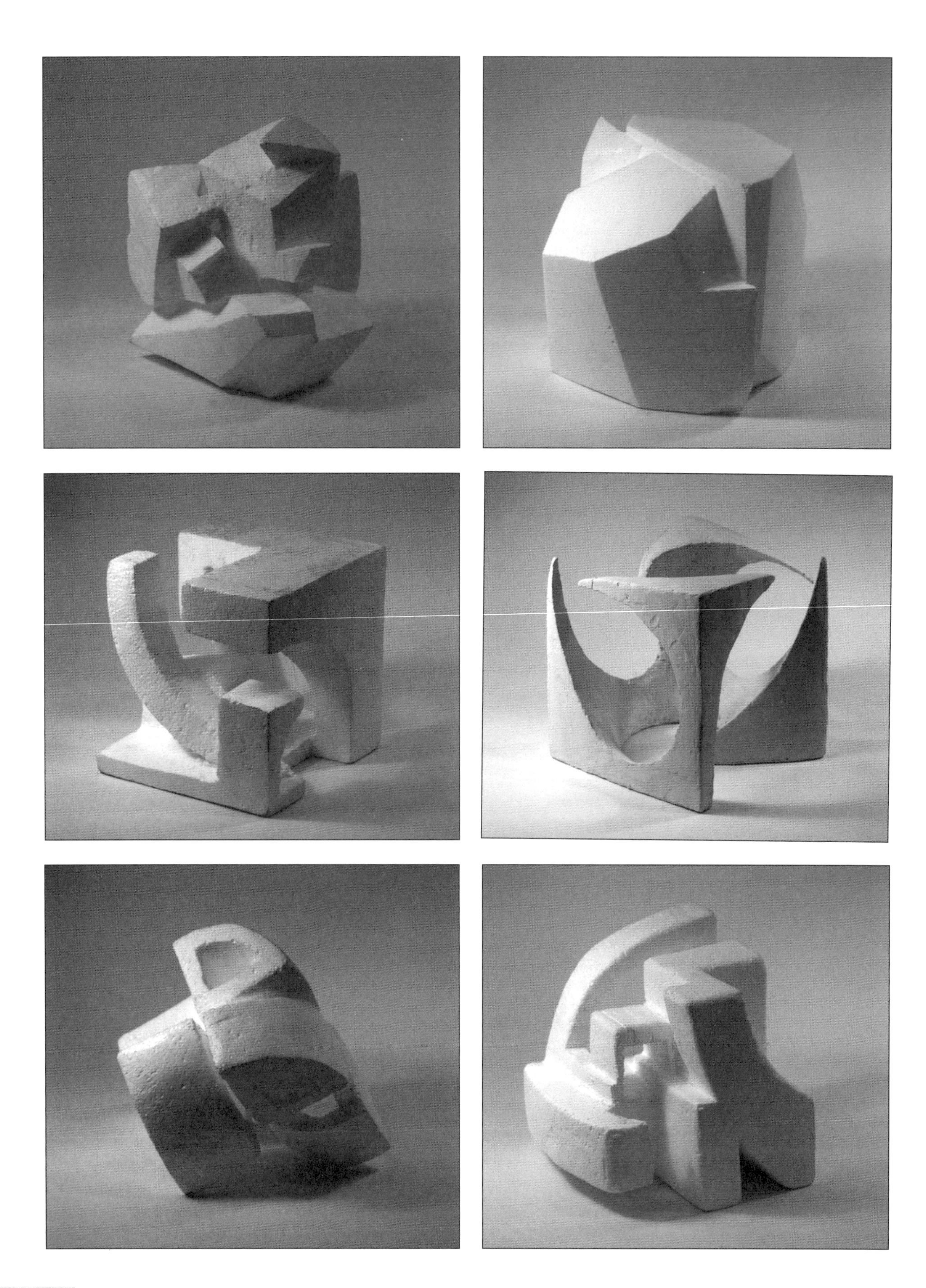

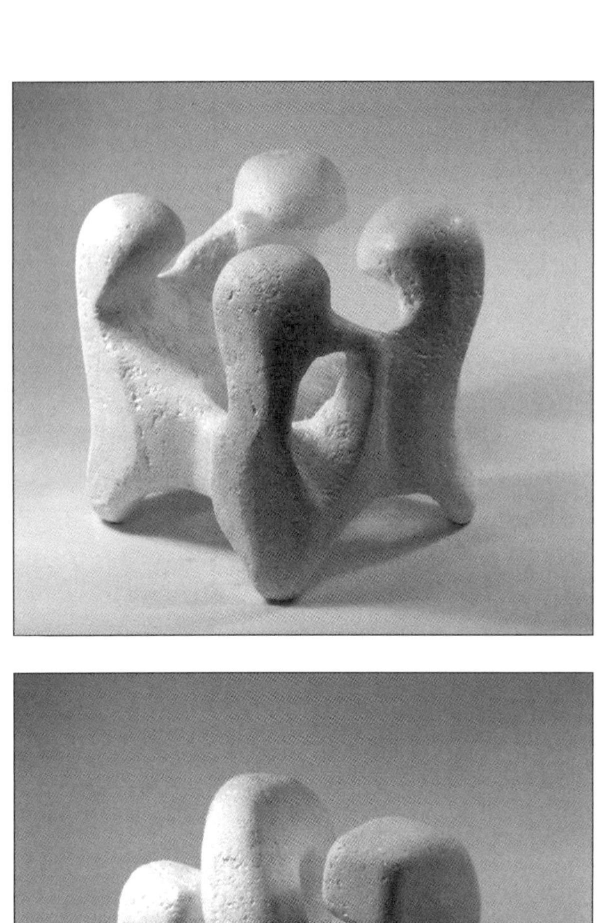

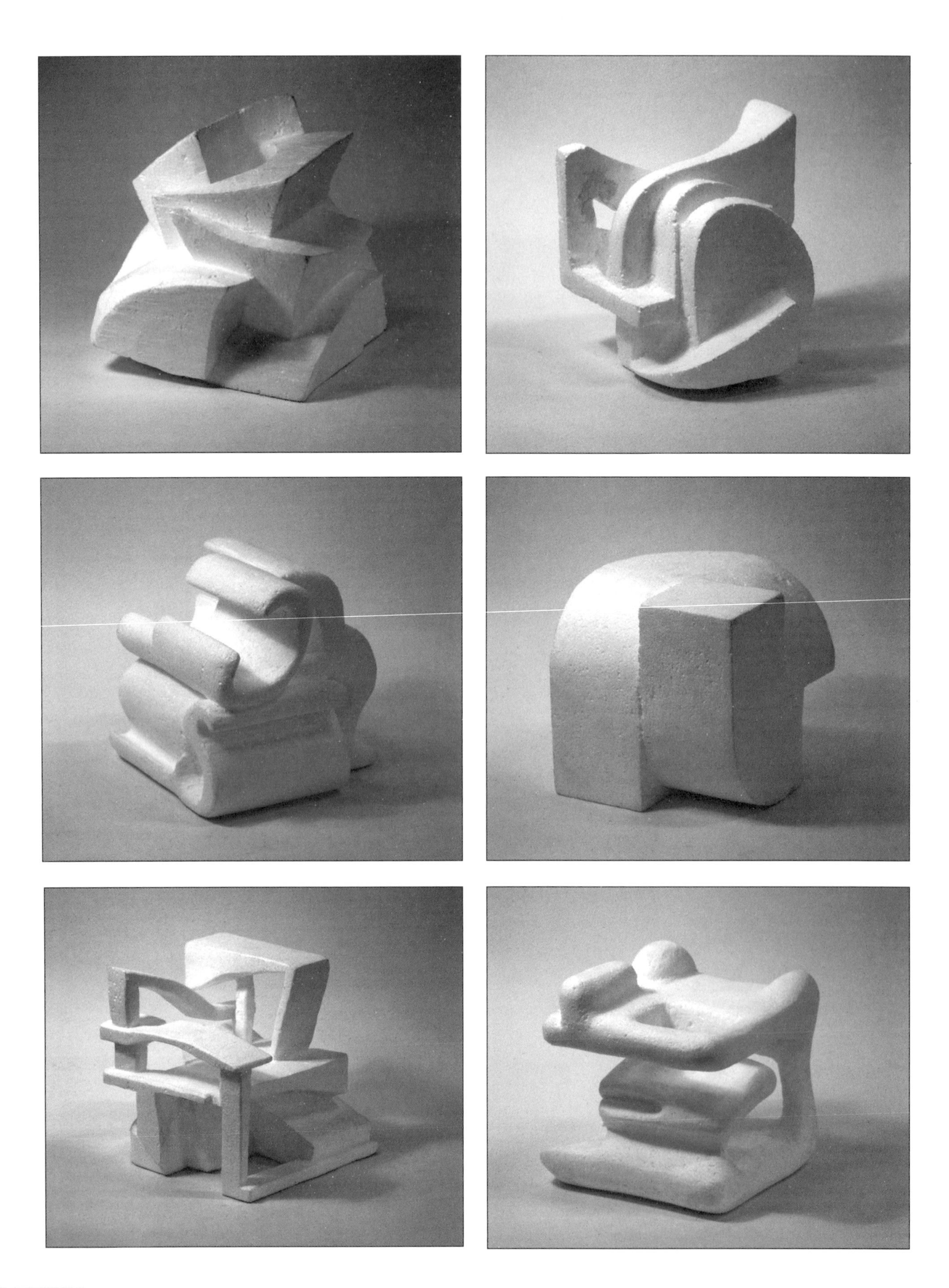

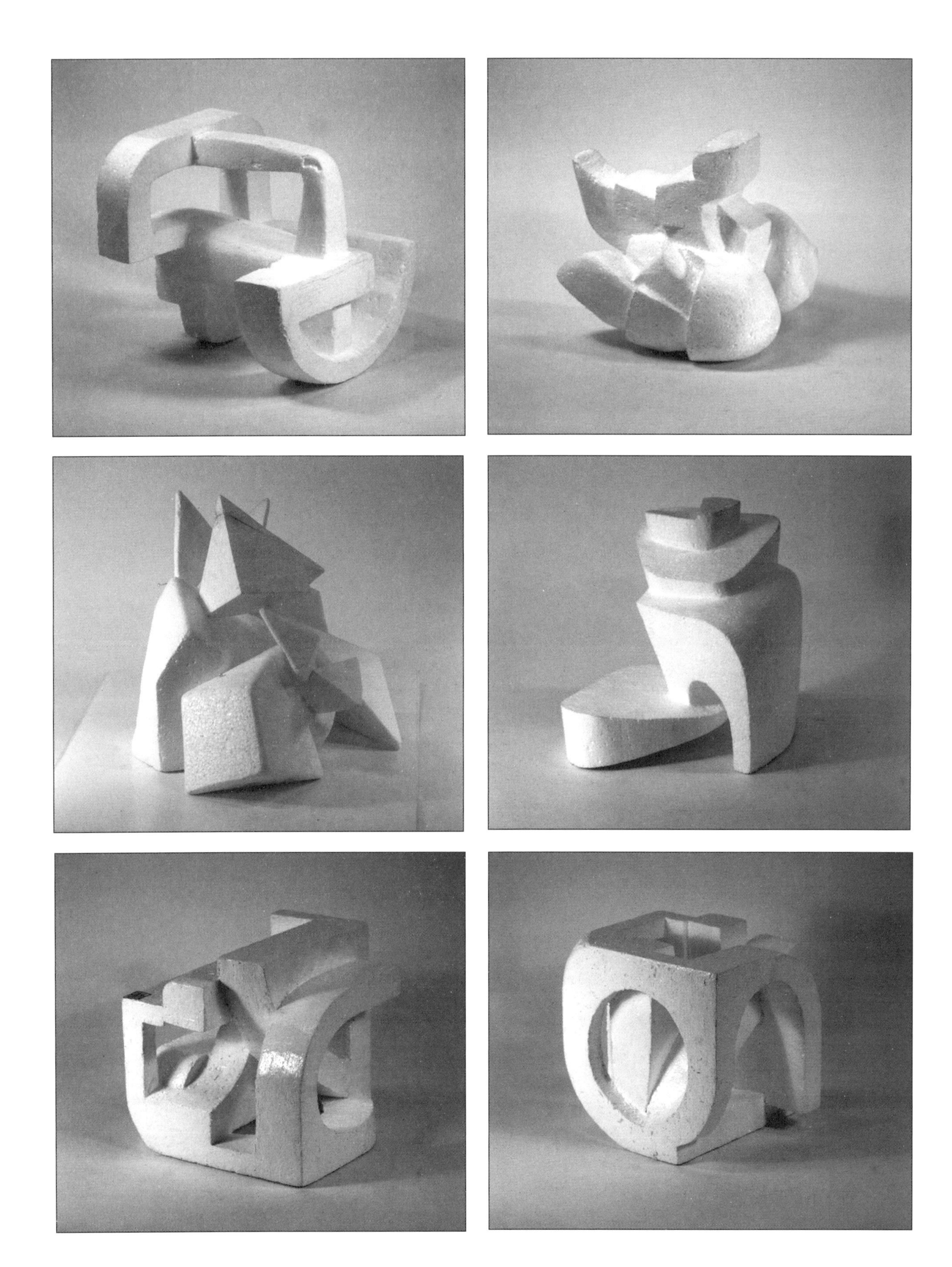

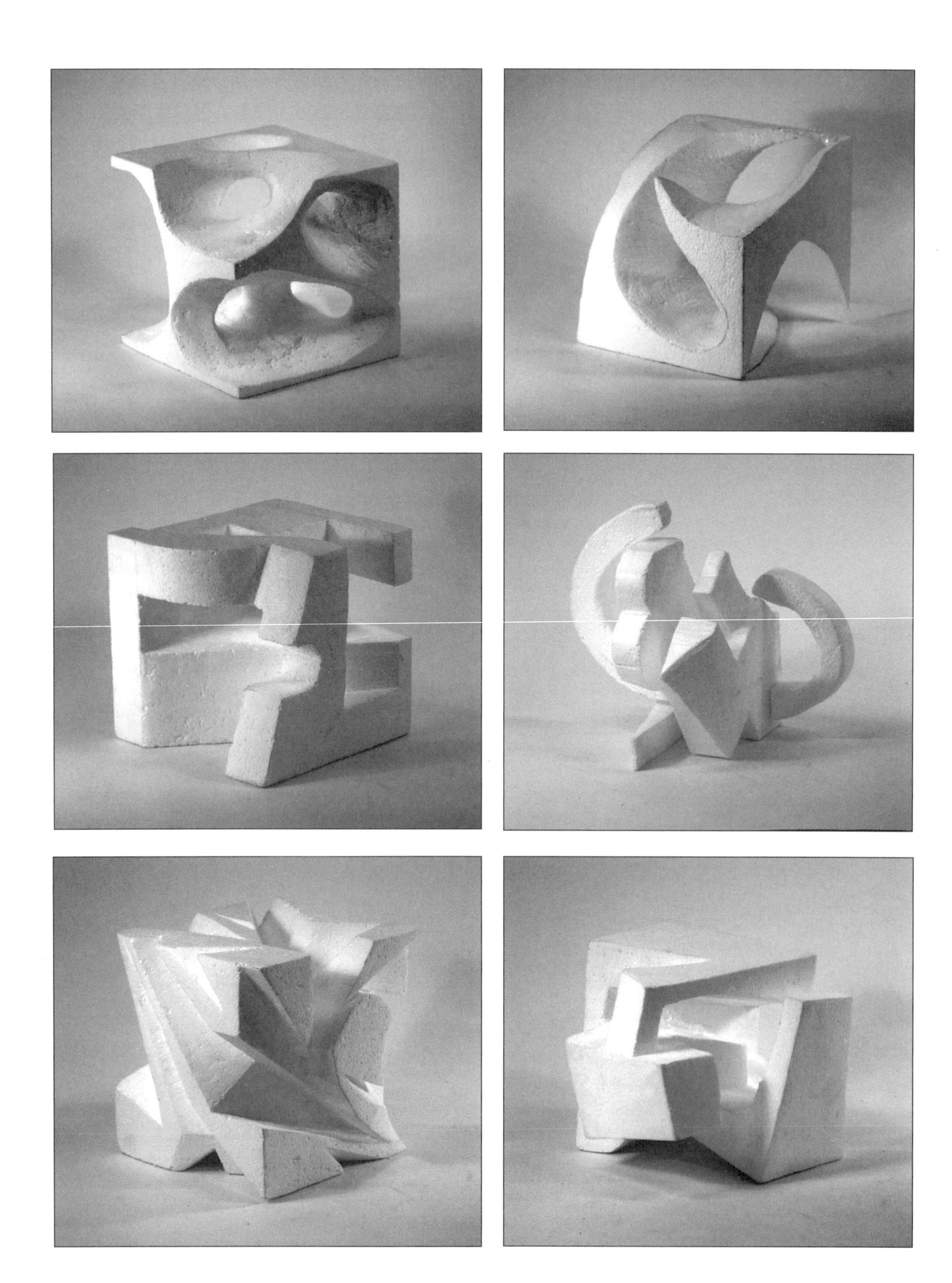

在课堂上，学生拿到泡沫塑料后，往往感觉无从下手，而用黏土制作从螺壳获取的形态，可以轻松、直接地实现从草图创作到实物制作，从而获取空间造型的方法。螺壳的造型简单，而且特征明确，很容易找到螺壳造型的特征，对其进行提炼与重构，就可以获得新的空间造型。

学生从草图创作到实物制作，可以熟悉曲面造型的构成特点与制作方式，以便于切入正题，迅速地进入泡沫塑料课题制作的状态。

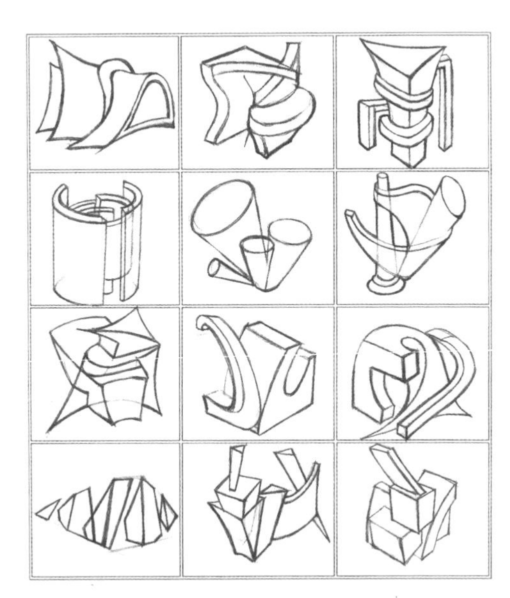

要掌握更多空间造型的知识要点，学生需要动手在制作过程中进行训练。在多年的教学过程中，我感觉到对空间造型概念进行讲述远远不如直接让学生通过动手训练来感知有用。对空间造型设计方式的多角度、多维度的思考，与制作过程中的制作方式互相关联，模型实物的制作过程需要通过每个面向中间的穿透来完成。所以，在实物制作过程中，学生会体会到设计图的每个立面与空间之间的关系，如果修改一个立面，相对的一个立面也会改变，整个空间也会随之改变，这种面与体的互动，也是空间设计中不可缺少的设计经验。

课题 3　卡纸造型与空间

课题要求：用模型卡纸制作 20cm × 20cm × 20cm 立体造型。尝试使用指定画面（基础部前置设计素描课题线稿）作为平面图，使用指定文字架构、汉字变体（学生名字）、字母组合等作为设计元素。课题从材料的选取上决定了空间造型的风格，与前置课题泡沫造型进行相应的空间造型风格对比，形成完整的空间造型课题。

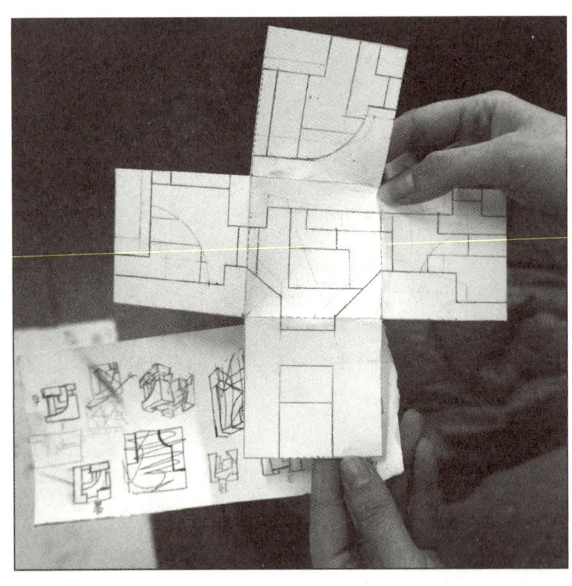

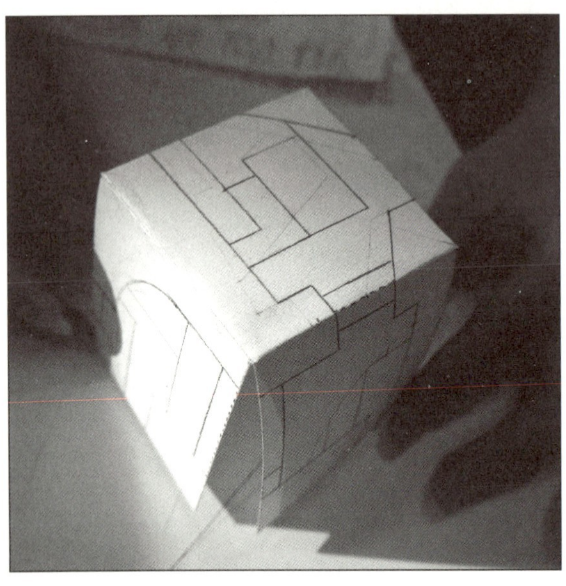

动手制作模型实物，是对学生综合能力的训练。动手能力包括学生对课题、空间造型的理解，还包括学生对创作方法的思考。在课程进行过程中，学生应自发地思考每个立面的创作与整体空间造型之间的关系，在草图阶段手绘制作六个面，然后进行空间对应，以及整体空间造型的思考。这种方式与建筑设计的基本思维方式相吻合，是学生经过空间思考自发寻找到的“设计方法”。这些设计方法不仅能帮助学生进行空间创作，还能帮助学生协调每一条线、每一个单体造型，在空间中准确地找到“空间位置”，以便从面的角度协调每个单体造型的立体穿插方式。

彼得·埃森曼的解构主义风格建筑设计中充满了正方体的几何结构与模数符号，同样的正方体结构形式也出现在典型的现代主义风格建筑设计中。譬如说，理查德·迈耶、贝聿铭的建筑设计中惯用正方体的建筑符号作为立面的装饰与内部结构、空间的分隔。解构主义风格建筑与现代主义风格建筑不同的是，解构主义风格建筑没有将细节中的每个正方体依赖于平行线与垂直角度进行组合，也没有把建筑的装饰与结构进行划分。在彼得·埃森曼的解构主义建筑中，经常用角度的渐进性偏移，沿着某一个角度将很多正方形进行递进式旋转，从而打造出弧线、抛物线的视觉感受，增强了整体建筑形态的节奏美感。

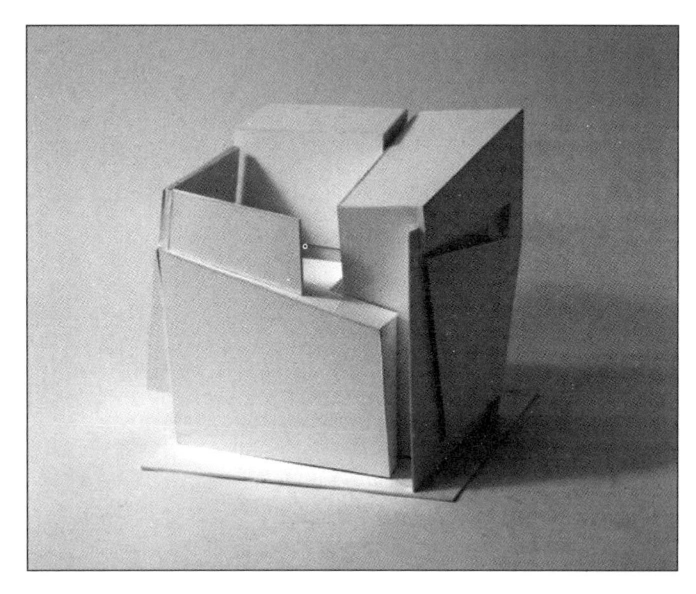

学生对空间造型的感受，源自动手实物制作的方式，并逐渐体会到整体空间的丰富性，其一半依赖于单体造型的选择，另一半依赖于组合方式的选择，而且两者应该是互相作用的关系。在大多数情况下，相对复杂的单体造型应该配合相对单纯的组织方式；相对简单的造型可以选择更加丰富的空间方式进行组织；单体造型与组合方式互相补充、互相促进，可以获得最终整体空间造型的丰富性。整体空间的丰富性绝不是随着数量的增加或者减少而变化的，而是空间造型的空间感、细节的造型转折、穿插等造成的视觉空间感。

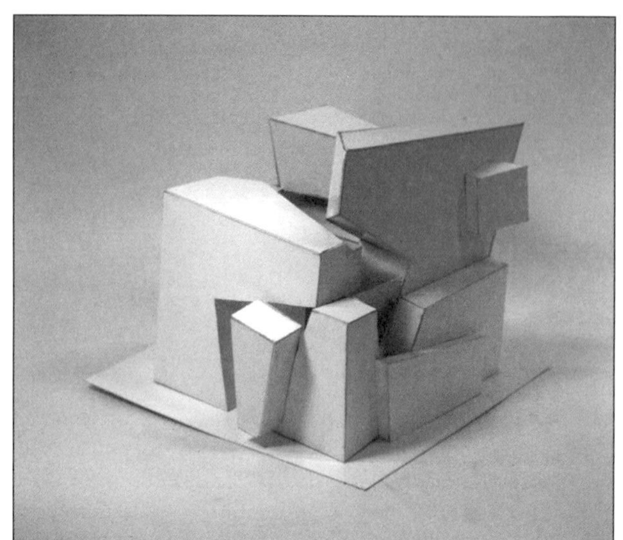

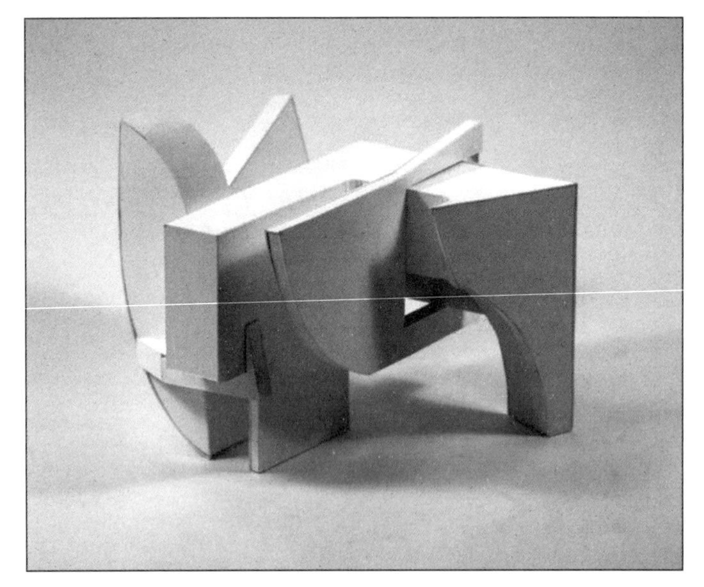

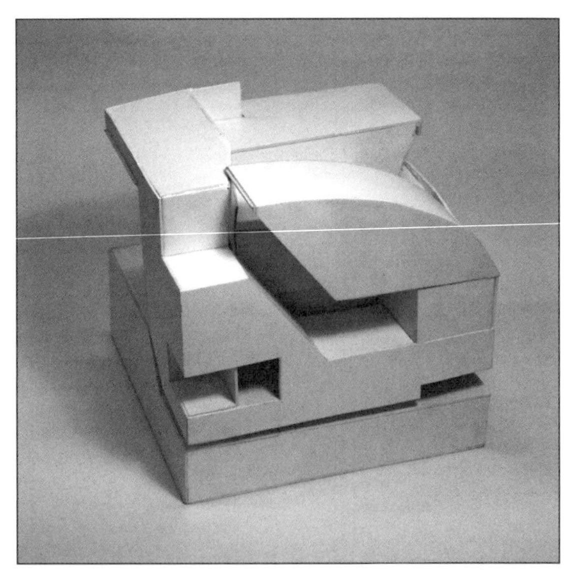

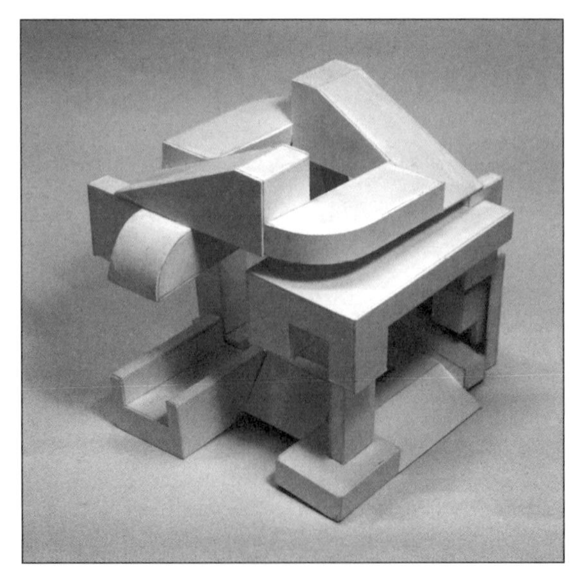

课题 4　可转换的造型与空间

课题要求：制作 20cm × 20cm × 20cm 的储物盒子。储物盒子可以装载 3 件以上不同体积的物品。储物盒子可以打开，闭合后为完整正方体。

课题训练的目的在于以储物盒子介入空间与造型所对应的体积与容积、造型与空间、空间的可变性、空间的内部分割等空间知识点的思考，使学生对建筑的内部空间（也可以把课题内容设想为家具设计、包装设计、展示设计等）创作方式有所启发。

课题最终作业“盒子”的展示方式：开启—装载—闭合。课题的约束条件很严格，目的在于使学生准确地把空间的创意点放在对空间的内部分割上。空间的内部分割使独立的局部空间与所要装载的物品造型形成对应关系，这种对应关系不仅仅针对装载物品造型的差异，更应该针对装载方式的巧妙性，所分割空间在打开的时候，呈现出空间状态。储物盒子开启方式的差别也可以使空间整体产生更加丰富的造型、空间变化，最终实现针对空间、造型、实体与虚体的可变化，产生空间设计创意。

【教学内容介绍11——课题 4】

建筑设计也可以像艺术一样表达设计师对于建筑的理解。史蒂芬·霍尔的建筑作品从外形来看，并没有过分地宣扬张扬的建筑造型美感，但是通过内部空间的细节表现，突出了建筑的“内在美”。这种对建筑的理解很符合东方人对美的理解——含蓄、内敛，在很多日本设计师的建筑设计中，也可以感受到类似的建筑美感表现手法。

建筑内与外（建筑外观与室内空间）的关系就像人的表情与内心的关系一样，外表朴实而内心情感丰富。建筑设计可以追求天马行空，也可以追求翠柳鸣笛，也就是说，既可以奔放也可以内敛，但这两种不同感受同样精彩。

建筑内部构造／史蒂芬·霍尔

方形是现代主义建筑的典型建筑元素。在现代建筑中，有很多成功的建筑案例把方形作为视觉元素应用在建筑的装饰、构造中，追求一种介于装饰、造型与内部构造之间的美感。例如，N 住宅的建筑外观充满装饰感，简洁而通透，从外观上似乎看不出建筑内与外的构造关联，但是建筑内部的细节，却出乎意料地利用光线表现出丰富的构造层次。

N 住宅／藤本壮介

白色，这种最单纯的建筑色彩配合单纯的建筑元素，可以达到一种纯净的空间感受。白色被广泛应用于建筑中的一个主要原因在于，白色的应用可以使建筑的构造美感凸现出来。法国画家亨利 · 马蒂斯说："越是简单的方式，越能明确地表达美感。"建筑上简洁的色彩，或许正是建筑师对建筑结构美感表达方式的一部分。

N住宅内部／藤本壮介

这是本课题中的一个典型的创作案例，学生用中国古代“锁”的结构进行设计，借用锁的结构，将造型进行穿插连接，最终获得了“锁”的创意——锤子的空间变成了开锁的“钥匙”，用空间穿插的方式获得了“回”型的螺旋空间；然后插入锤子，能使众多单体成为一个封闭整体，而且不会自己散开。

如果要开启盒子，就必须先拔出包裹锤子的部分，这样，其他的局部才可以分开。该设计将来自锁的结构进行新的造型重组，把最关键的中心部分设计成钥匙，使整体造型充满“机关”。这种借鉴的方式，本身就具有设计趣味。

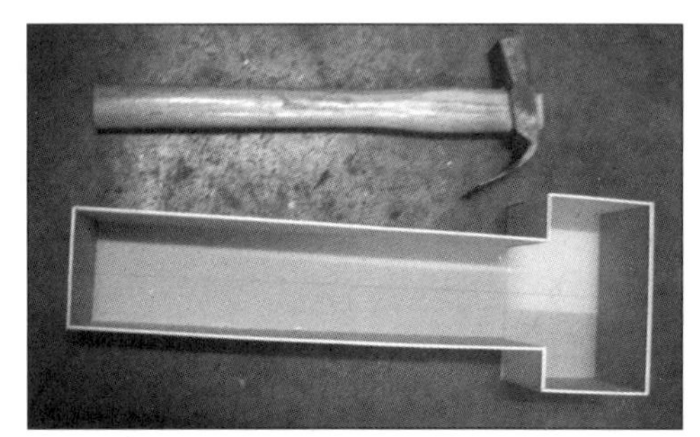

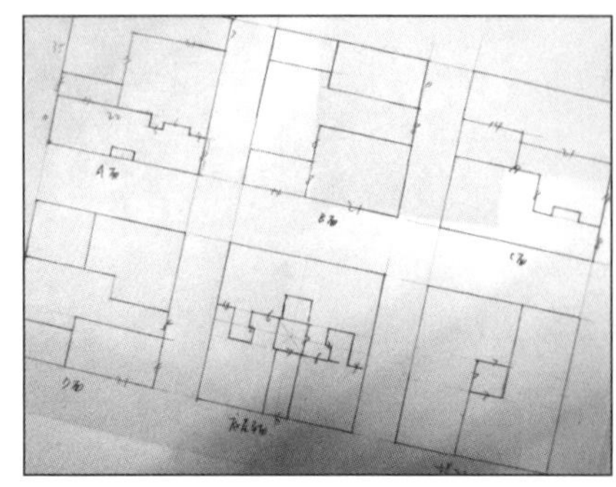

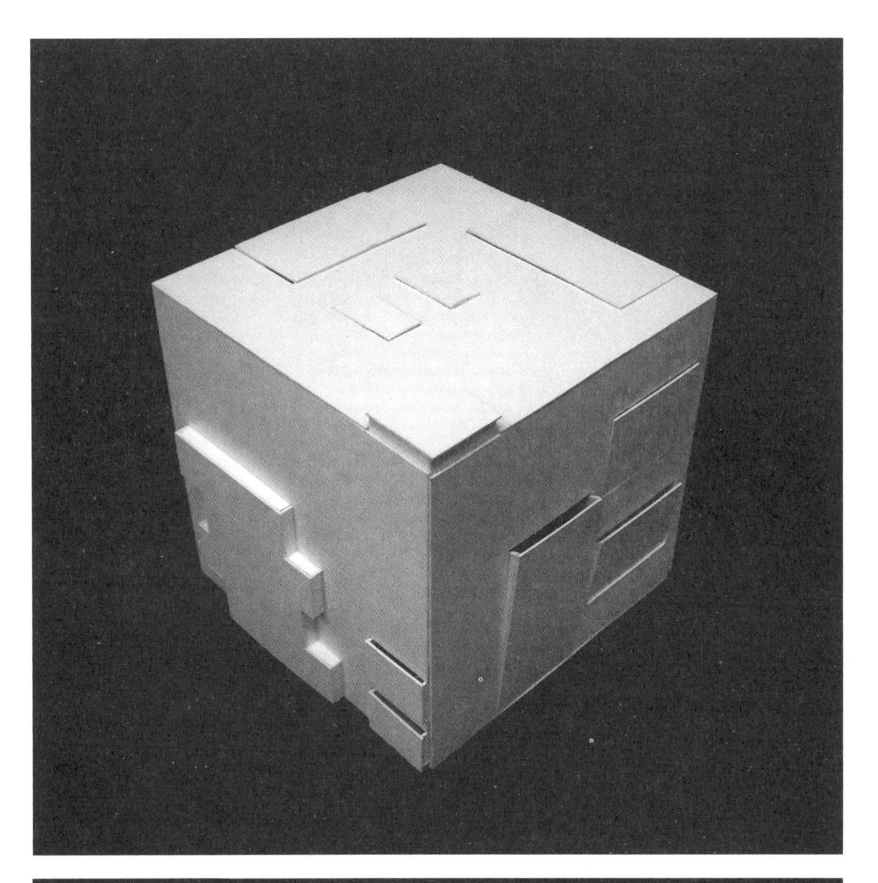

盒子开启的状态占有了盒子每个方向的空间，在盒子的每个立面上都有不同的空间造型、不同的开启方式。最终开启后，获得的空间造型具有空间美感。

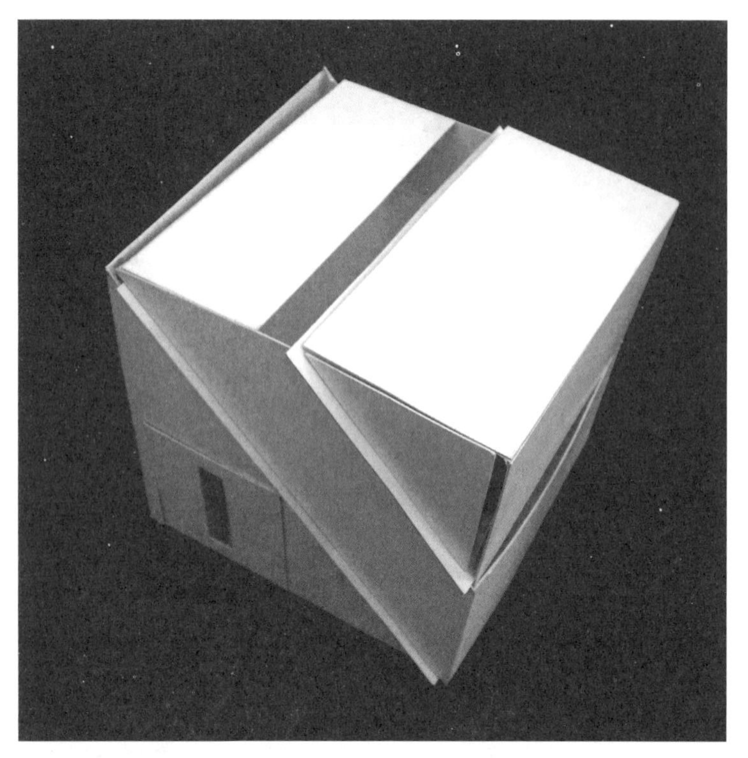

盒子的创意在于开启的方式，外观看似简单的斜线分割，实际上在内部空间转换为上下两个方向的倾斜推开；推拉的方式利用重力开启，上下两部分开启之后，左右可以继续打开。这些开启的细节显示出作者对空间维度的丰富想象力。

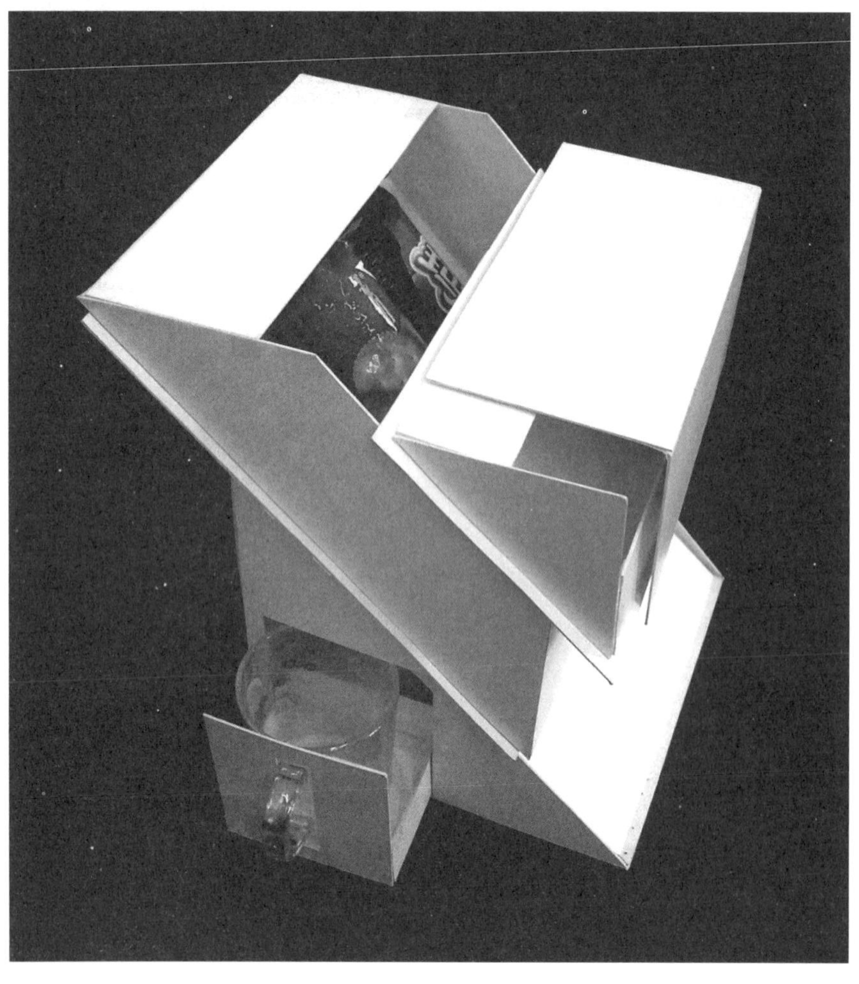

盒子开启之后，内部分割的空间层次丰富，在细节中关注小的空间开启的方式与角度。开启之后的空间像齿轮一样互相卡扣在一起，内部的空间细节都可以进行层次丰富的垂直推拉。

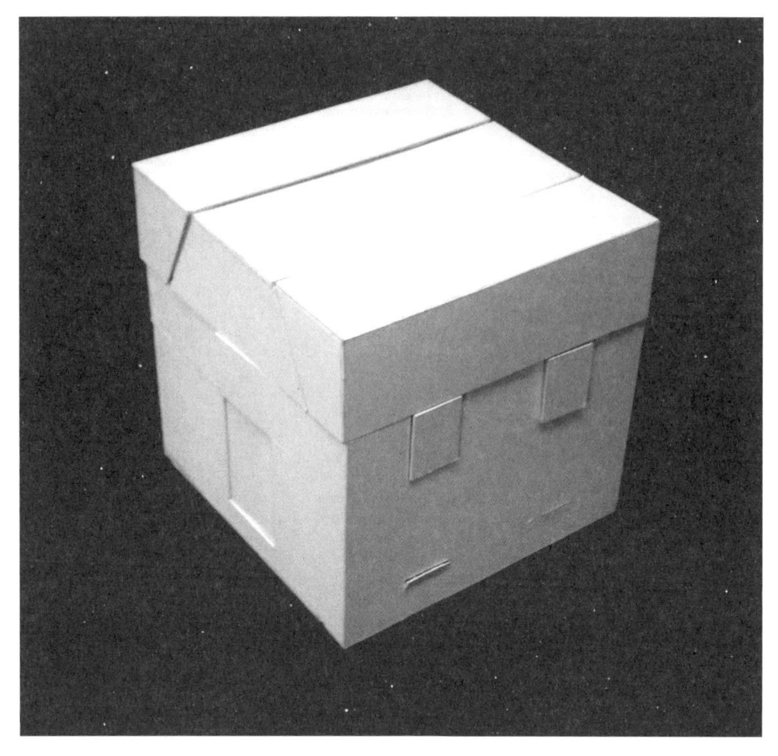

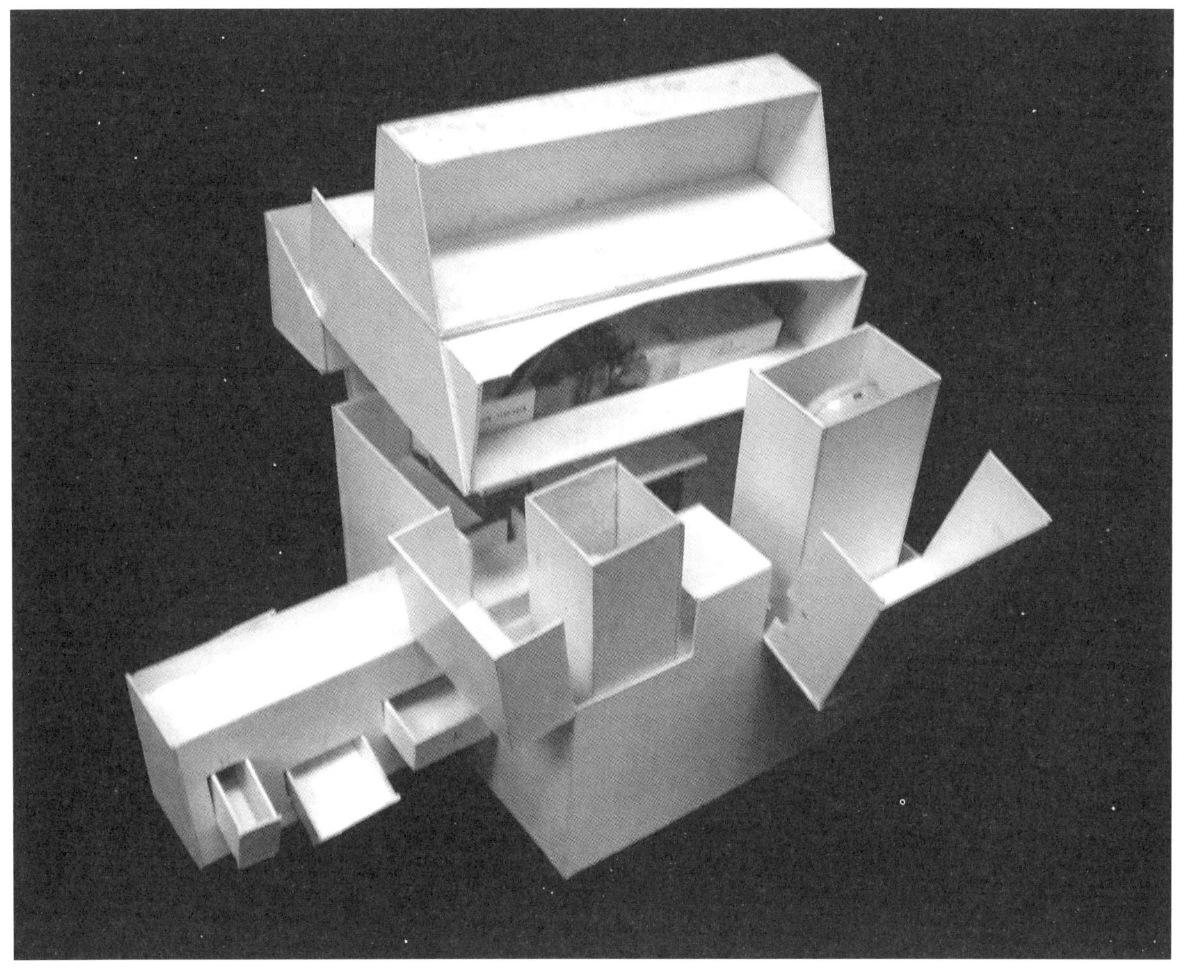

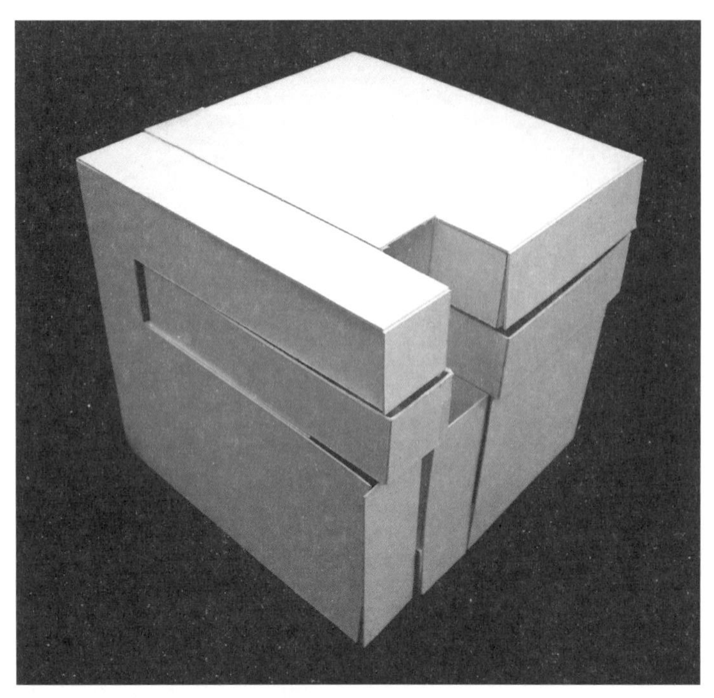

大胆地运用单方向的打开方式，盒子的内部空间打开之后向一个方向展开，具有很强烈的视觉感受，空间的细节与所装载物品的关系紧密。从一个中心点向四周展开的空架表现方式很特别。

具有几何美感的正方体分割方式，使内部空间具有对称式美感。对称的内部空间往往会显得简单，而作者选择三角形的外翻方式进行内部空间的开启，最终通过像万花筒、折纸一样四个角度对称的镜像方式进行内部空间的组合，很好地弥补了对称式空间分割方式所带来的平淡视觉感受。

对于内部空间的利用，选择悬挂的方式进行物品的装载略显简单，对于空间与实体造型之间的互动关系表达也略显不足。

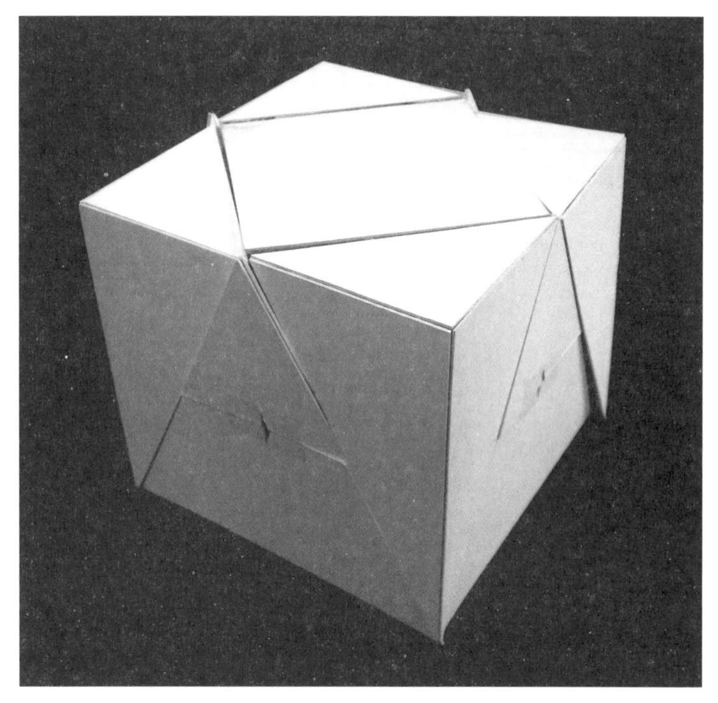

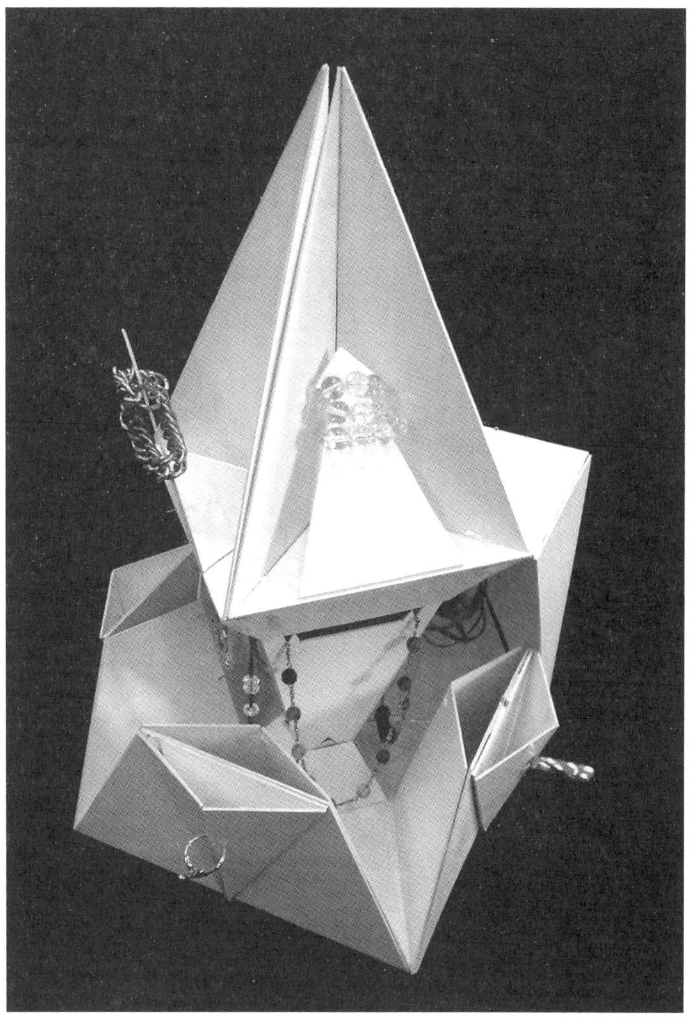

盒子的中轴可以转动，旋转开启的方式很新颖。盒子内部开启之后呈现出层次丰富的内部空间，每个空间都可以储存物品。对于特殊的物品，可分别选择不同的空间置入方式，盒子内部空间有一个独特的三角形转轴，转轴的转动可以使内部结构自然散开。这一点就是学生的精彩创意细节，利用造型的特性满足更加便利的空间功能需要，也强化了空间“动”的元素。

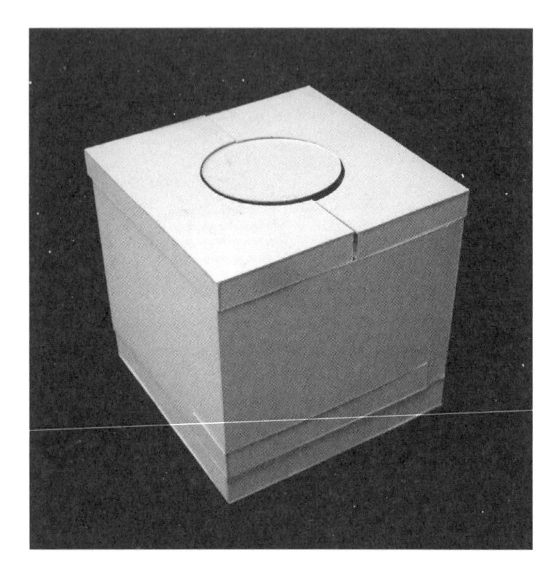

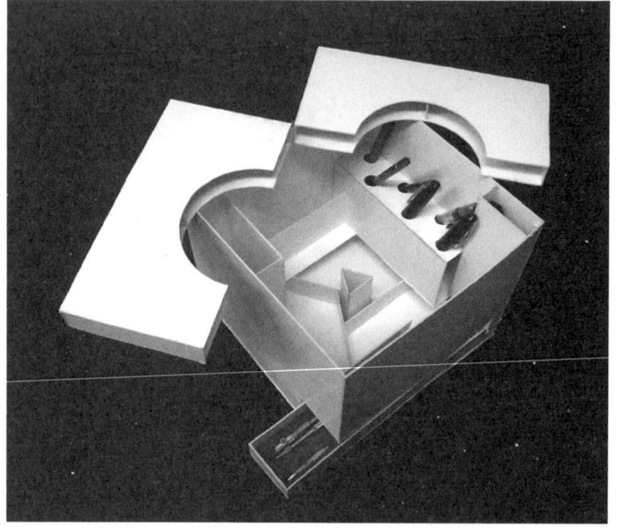

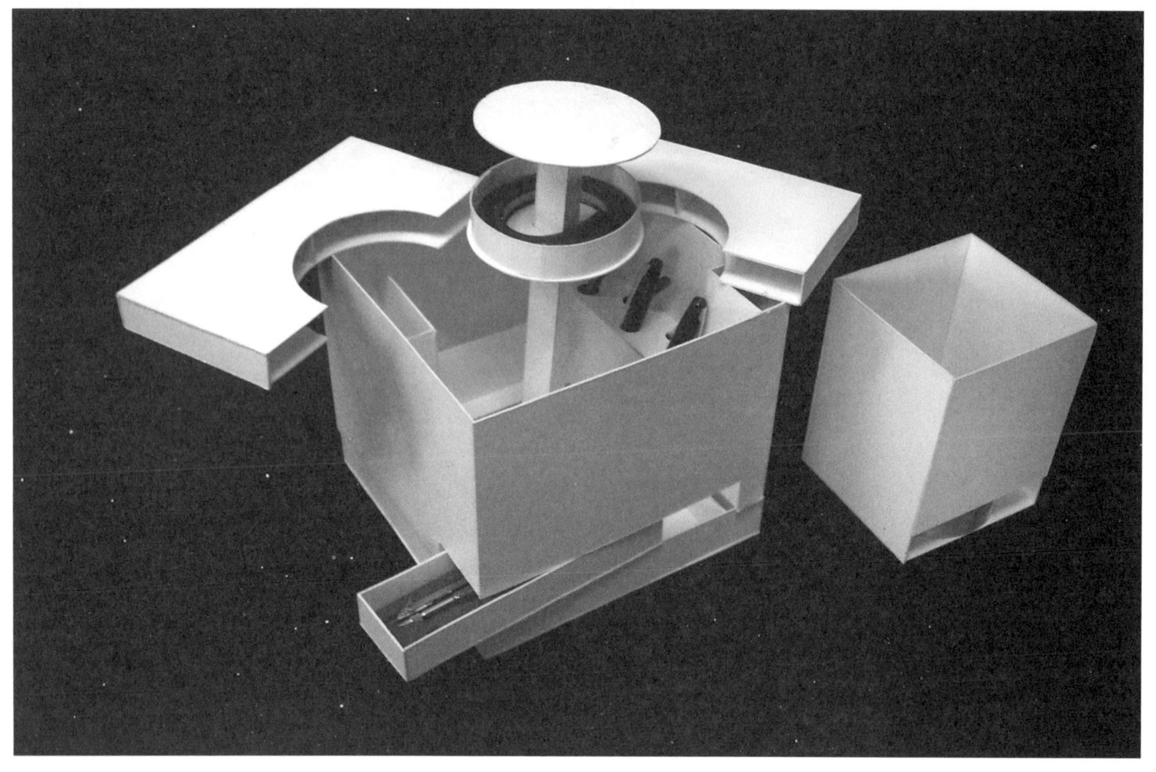

盒子在每个立面的开启方式都不同，开启之后的局部造型富有变化，但空间与物品的造型联系稍显随意，没有明确的造型与空间进行对应。这是学生在制作过程中没有明确考虑到的。但盒子局部利用开合角度形成的扇形旋转，是整体空间造型开启之后的亮点。

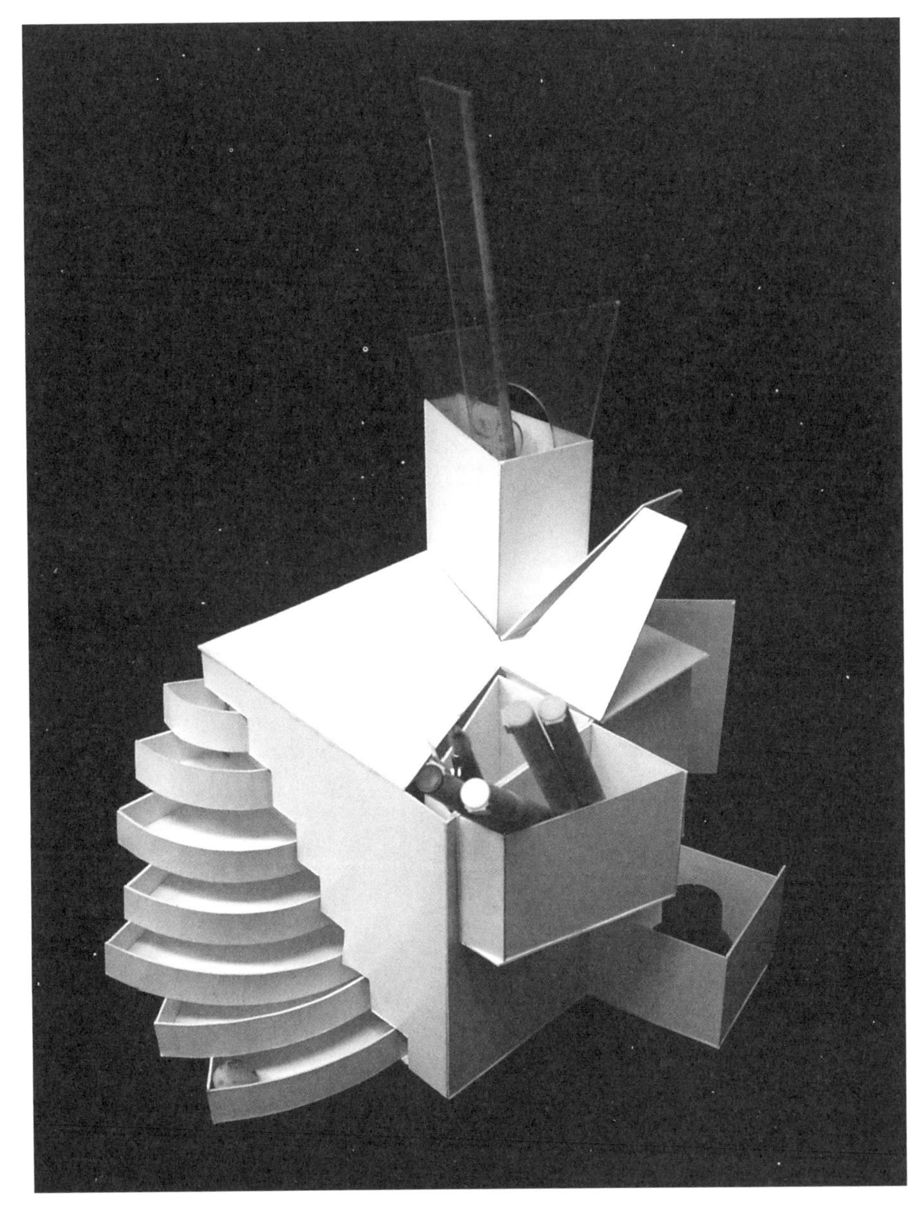

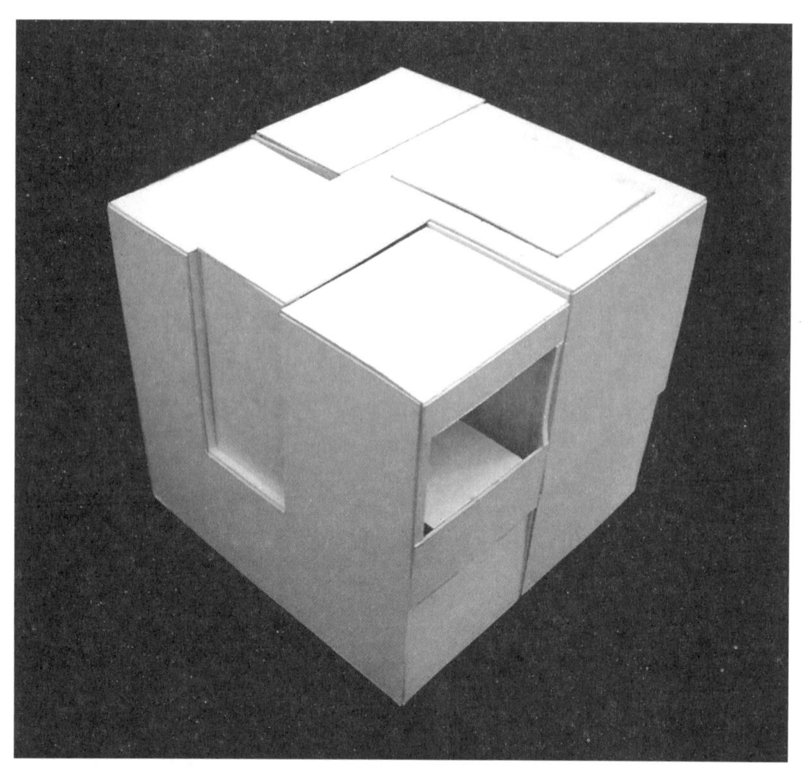

盒子的开启状态呈现出一种层次的序列性，整体空间的局部造型沿着每个面的方向进行旋转组合，加强了空间的序列表达。这种层层相扣的创意组合方式就是一种空间的创意。不足之处在于，盒子开启之后，每个局部空间的造型略显雷同，使整体开启之后的状态缺乏美感。

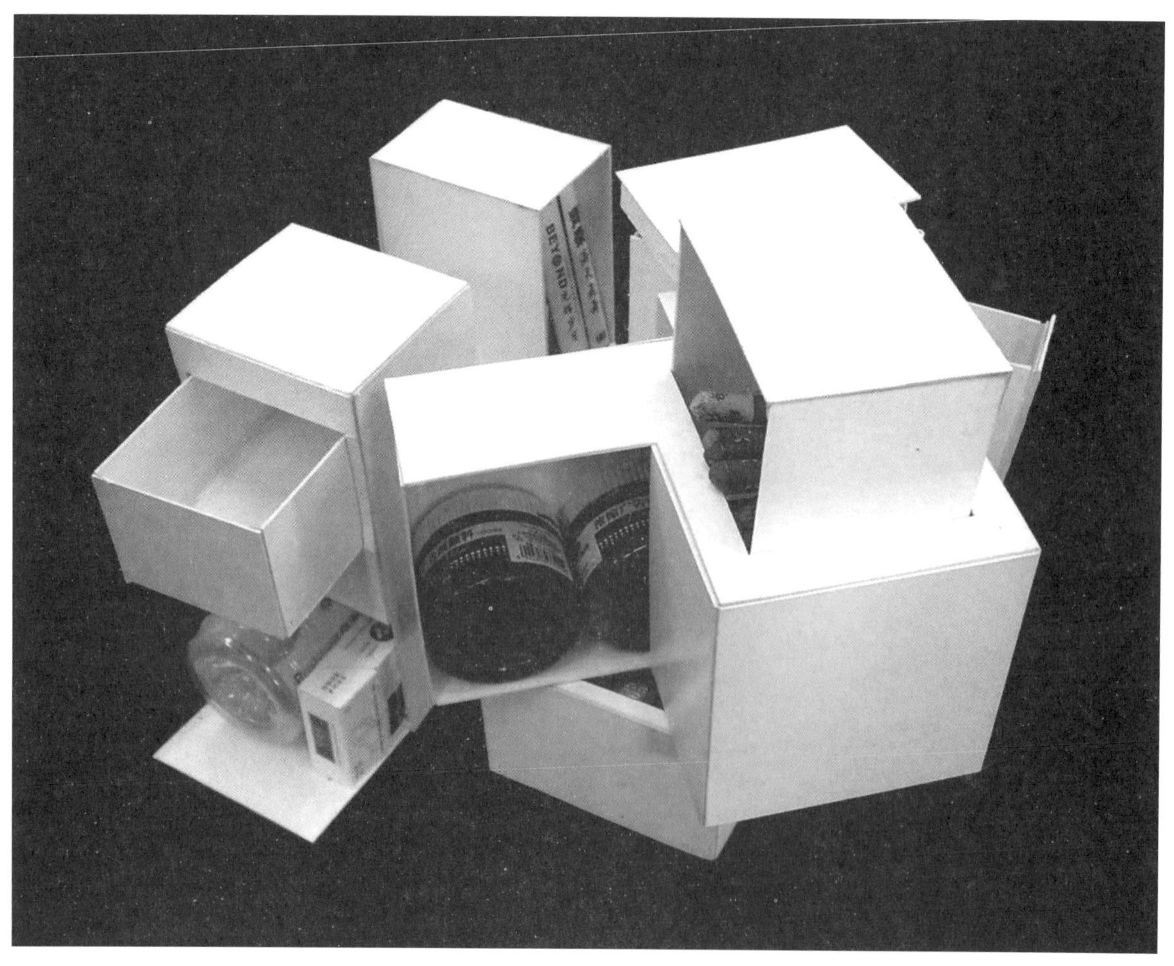

盒子开启状态的层次丰富，空间的重叠充满变化，而且旋转的开启方式有效地弥补了方形空间重叠带来的乏味。整体闭合之后，盒子顶部预留的小缺口，既可以存放物品，又可以作为盒子开启的手柄，这一点局部创意体现了学生在设计过程中的用心。

盒子开启之后，层次非常丰富。整体相似的长方形分割方式，将造型的相似与开启方式的差别——平行开启、左右翻开、上下拉开——进行和谐的对比。

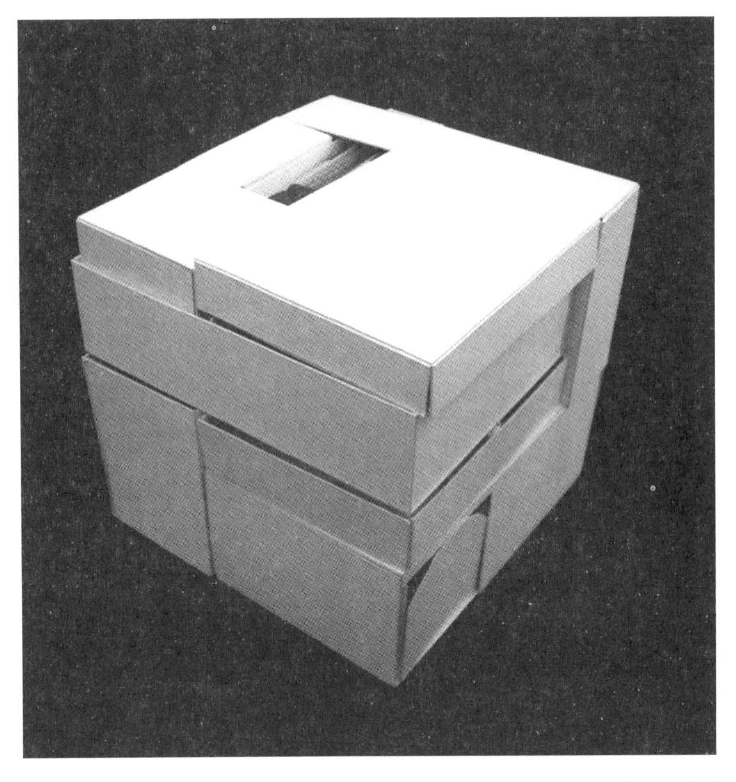

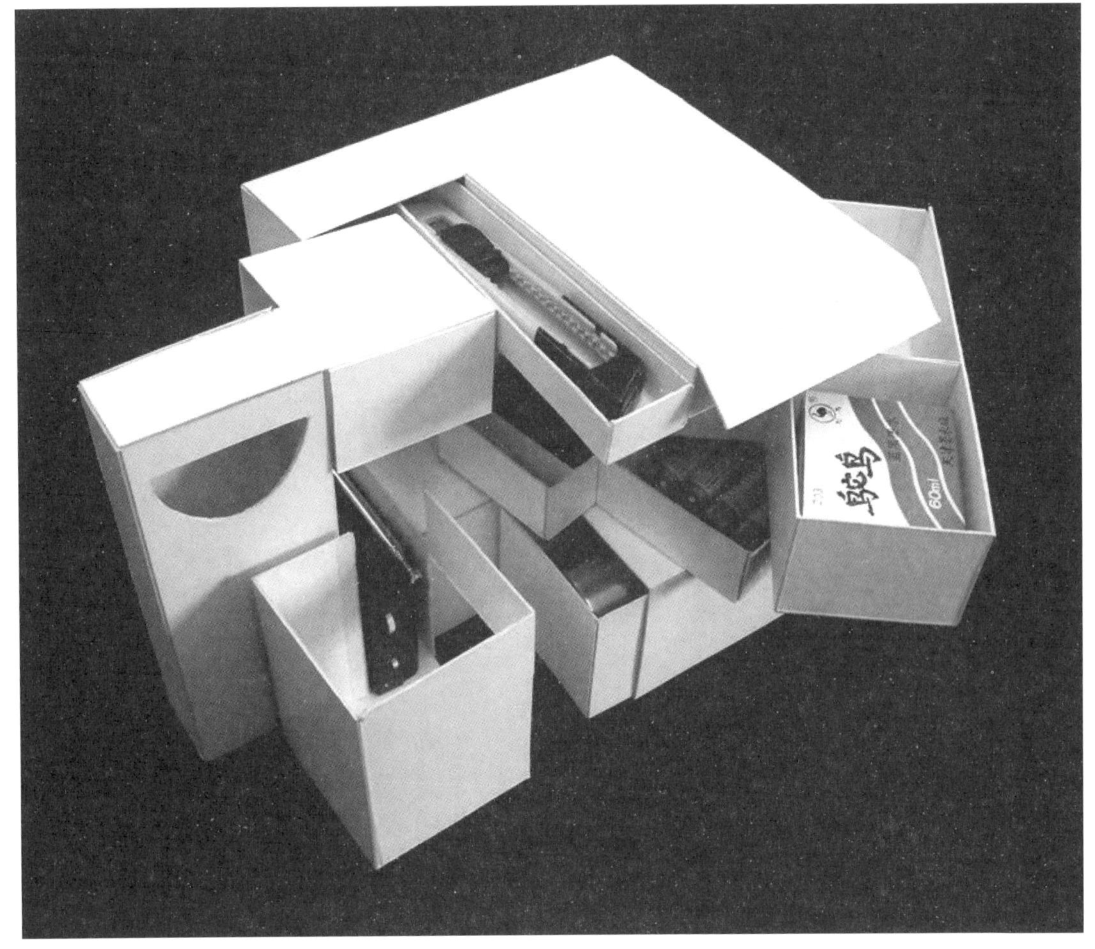

看似凌乱无序的开启方式，很容易让人联想到解构主义建筑。盒子闭合时外观的形式像建筑设计师丹尼尔·里伯斯金设计的柏林犹太人博物馆的外观。外观的线形分割部分成为内部的支撑结构，这种内外结合的设计方式与建筑设计的方法契合。

作者利用相同的角度进行内部角度的切割，将看似凌乱的内部结构运用细节角度、分割方式的相似性进行统一。

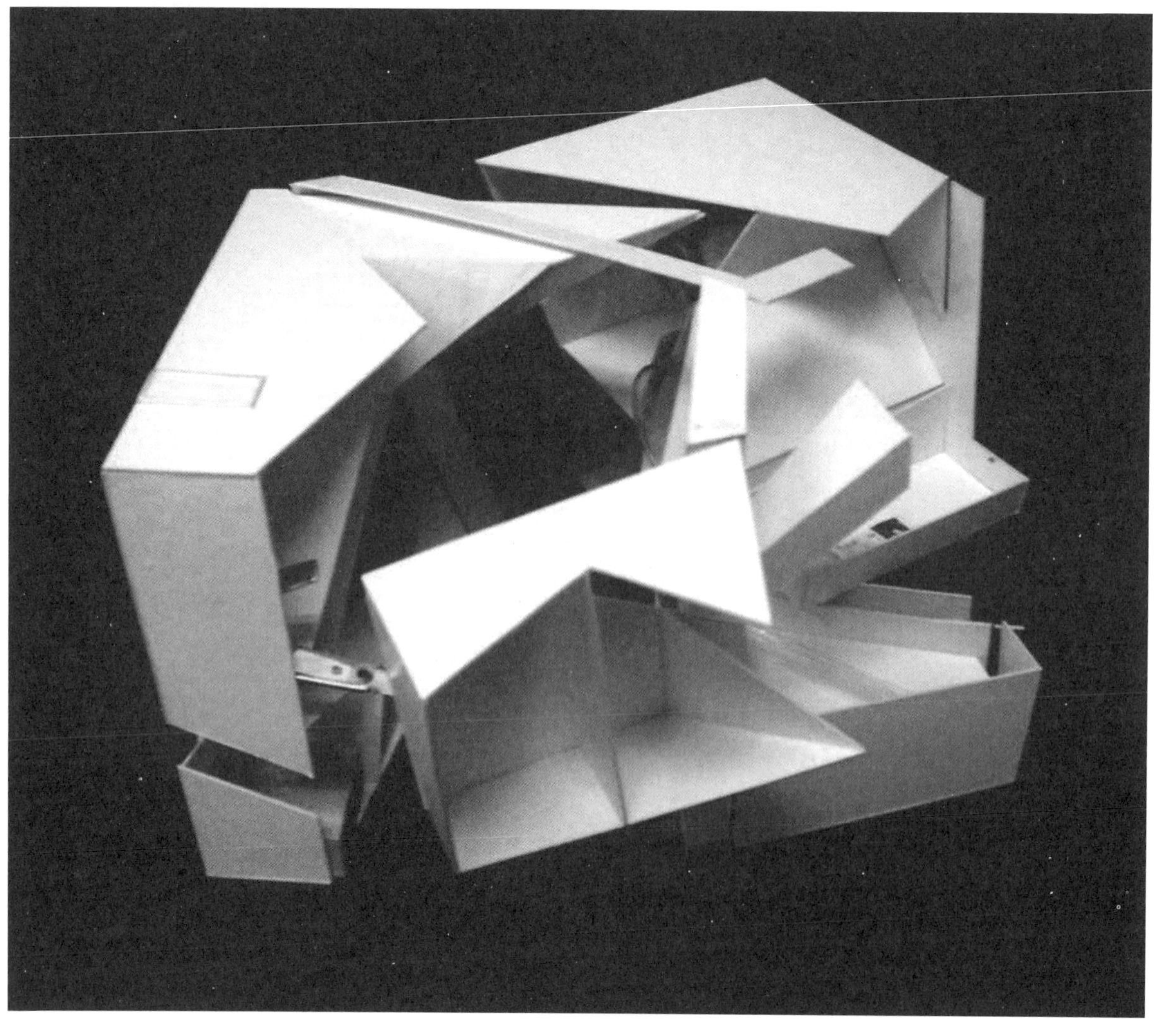

关于打开方式与装载方式

完成课程作业的时候，学生通过课程体验，会明确“盒子”的真正含义。造型与空间的互动，使盒子的创意点集中体现在开启方式与装载方式这两个细节上。开启方式的不同可以影响盒子外观的分割线，也可以理解为，盒子与众不同的外观分割线预示着盒子内部结构的与众不同，这一点与建筑设计中平面图（二维）与轴测图（三维）之间的对应关系相似，可以表达出设计师的空间想象力和空间创意。

【课堂教学——“解构与重组”学生作品案例】

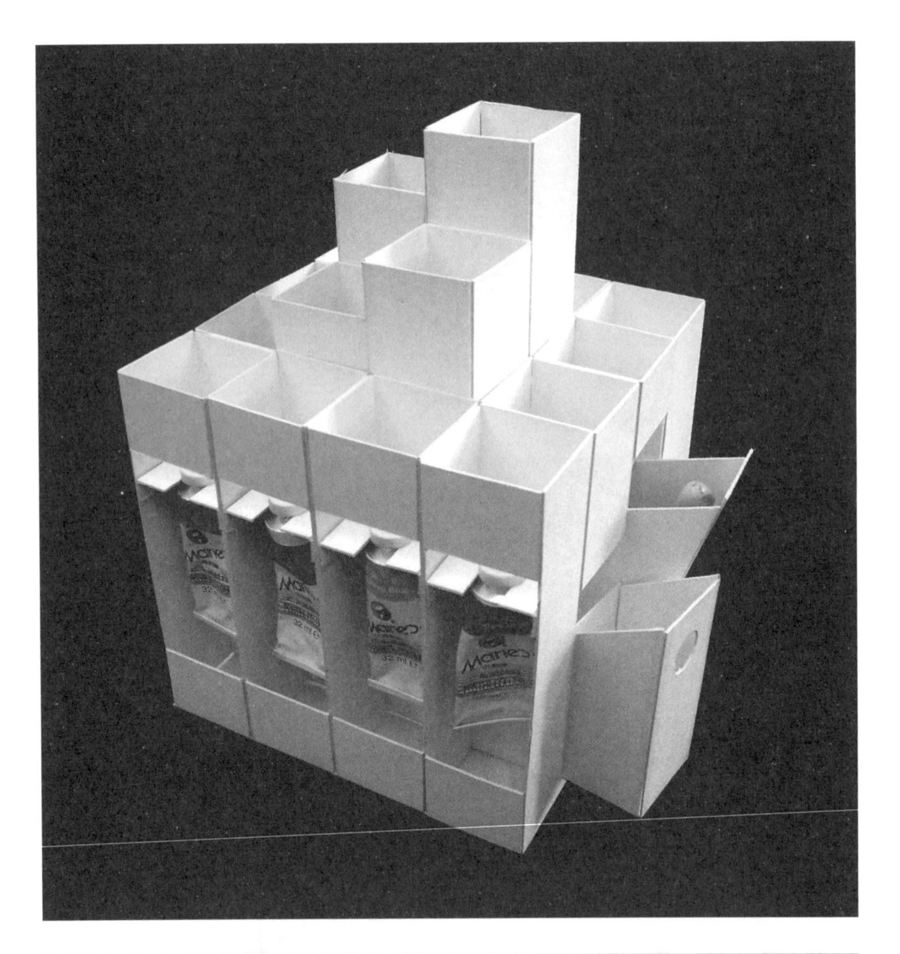

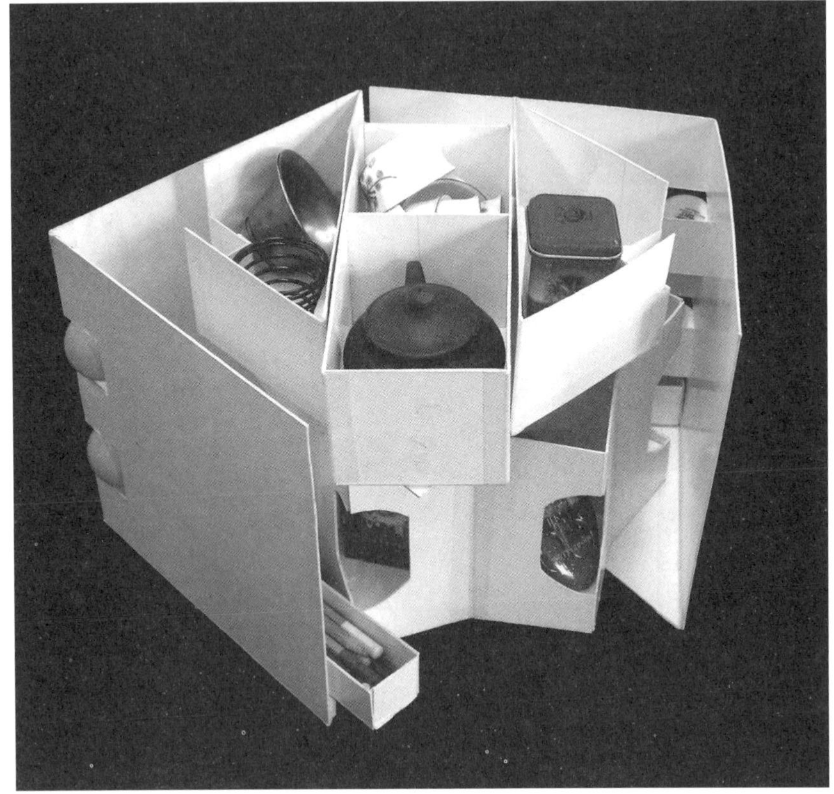

盒子内部空间要突出整体美感，往往需要对整体进行控制。学生在开始制作的时候，对于图纸的空间设想会在维度变化方面有欠缺，在模型制作过程中，往往需要指导教师给予及时的指导。盒子内部空间的开启角度、开启方式可以弥补内部空间维度变化的不足。应鼓励学生转换 *X-Y-Z* 维度变化，将多种角度的空间变化应用在空间的细节上，这样会在模型制作过程中，为学生感悟更多的空间构成方法提供积极因素。

盒子装载物品与空间的互动，可以锻炼学生对造型与空间（实体与虚体）的互动关系的把握能力。在每一个三维的空间中，必须要有和谐的空间实体与虚体的对应关系，任何一方面过多或者过少，都会对整体空间造成影响——拥挤或者松散。和谐的空间疏密关系，必须依赖于和谐的造型与空间的对应关系来完善。

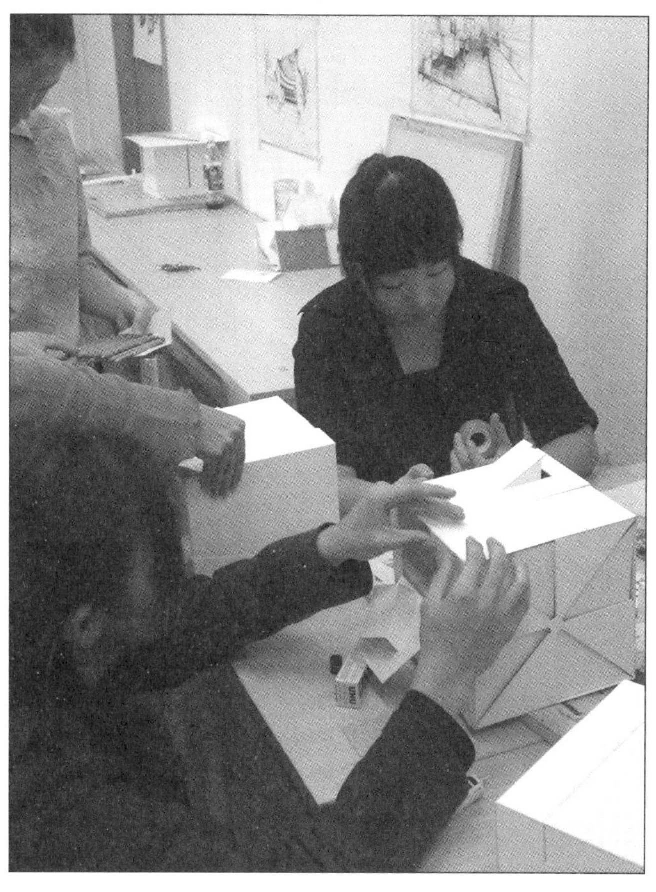

针对本课题所限定的开启与闭合、装载物品的要求，学生应将创意点放在由外而内的空间切割、组合上。与建筑设计相吻合的是，盒子内部空间与所装载物品之间的关系可以引发一系列建筑与空间的问题。

譬如说，日本设计师设计的小型住宅建筑因为地基面积较小的原因，外观往往简单，但是内部空间繁复。外观的简单是为了最大面积地使用建筑地基，内部繁复是为了最大限度地利用室内空间，而建筑的使用者使建筑的比例与盒子的比例产生了尺度的不同，但至于空间的分割方式、三维实体与空间的互动关系，无论是对建筑还是对盒子来说，都是一样的。

本课题从很简单的正方体入手，用“开启—装载—闭合”的方式，引导学生对“造型—移动性—空间”进行思考，并完成课题的功能要求，最终达到课题对造型与空间的统一。

从实体到空间，本课题需要在思考过程中再考虑开启方式、开启之后的空间状态、闭合之后盒子每个立面的分割方式等细节，这些细节都是在设计中，能引发针对建筑设计、室内设计、包装设计、产品设计、展示设计等一系列空间问题的思维切入点。后置课题“手与盒子”，将以人体工学为切入点，再次探讨空间的体积与容积转换问题，在满足课题对功能要求的同时，将空间变化的巧妙型与手在空间中的功能相结合。

盒子的开启方式是重要的空间创意表现方式，学生在整体空间的限制条件制约下，尝试不同的开启方式，如抽屉式的前后拉开、左右有角度的翻开、上下拉开、成角度的前后翻开、中间转轴式的旋转开启等方式。这些打开的方式巧妙地利用空间维度进行三维空间的造型变化，使空间在课题约束的尺寸范围内，得到了最大意义上的丰富。

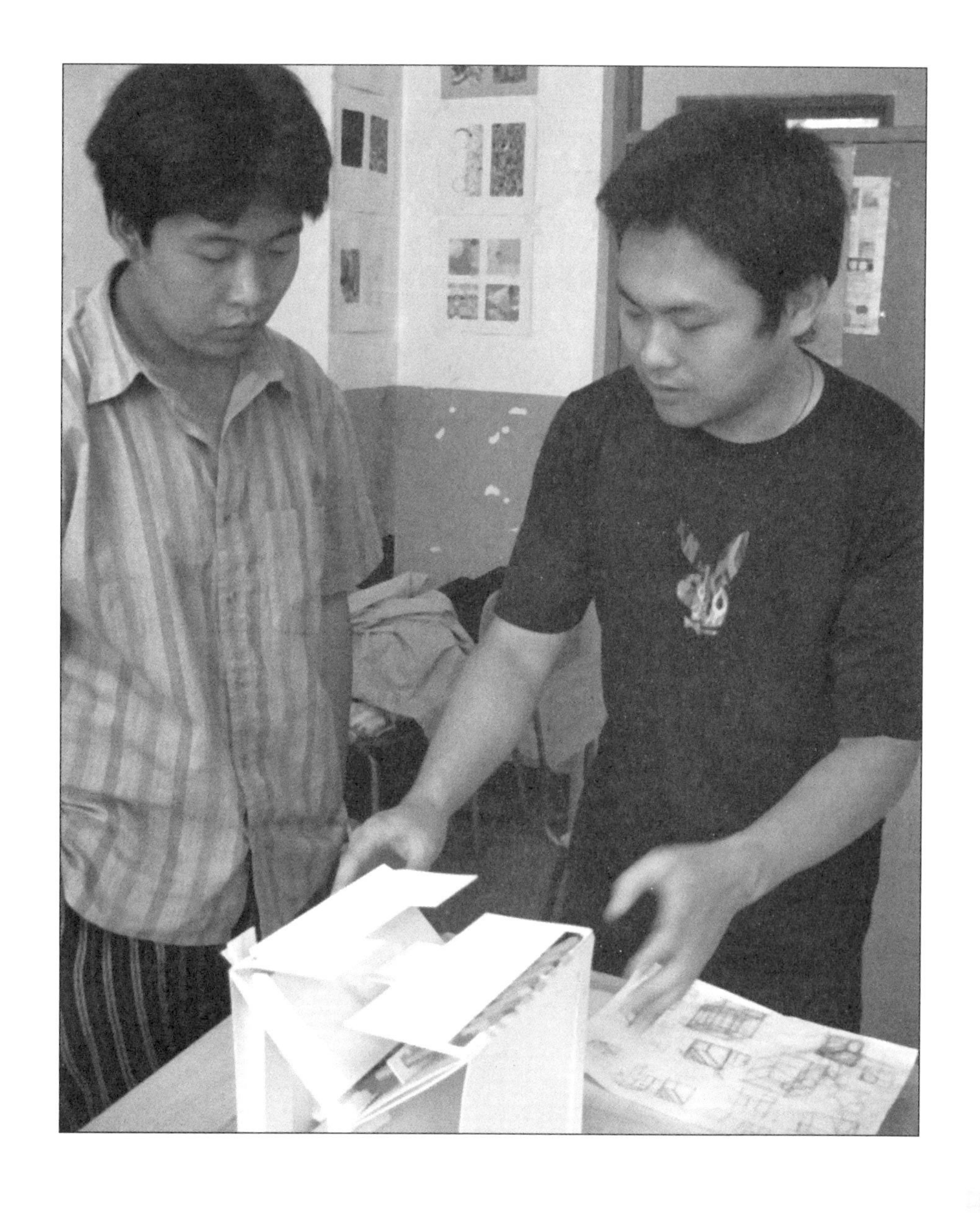

课题 5　空间与比例

课题要求：制作 20cm × 20cm × 20cm 的储物盒子。储物盒子可以容纳一只手，注意表达盒子与手的关系，如手的造型成为打开盒子的工具，盒子打开之后考虑内部空间与手的呼应关系。

课题训练的目的在于把人体工学的比例与尺度加入空间设计中，引发空间对应的比例与结构改变，这些空间针对不同比例尺度会发生改变，便成为其特性。将手与盒子把手的因素加入空间训练，使学生更加明确在空间设计中比例介入之后，空间所对应的功能要求、空间造型与比例所对应的变化。

【教学内容介绍12——课题 5】

史蒂芬·霍尔的店面改造项目利用几何形分割的形式重新制作门和窗，在符合功能要求的同时，将店面立面创作出功能以外的“新鲜感”，形成了建筑立面的分割，同时使门窗的开启方式、开启之后的状态、可活动的结构等都成为空间的创意。

从这个案例中，我们可以体会到空间变化的形式与功能，它们可以是空间意义的，也可以是视觉意义的。在建筑立面的分割、开启、旋转过程中，也可以增加空间的创意。当然，这一切并不是单纯的装饰，而是在满足形式符合功能要求的前提下完成的。

从设计作品中总结出的典型设计方法可以看出，主流的空间设计来自空间与造型本身，而空间的创意是无界的，可以从视觉艺术、装置艺术、音乐、舞蹈等各个领域进行思维转换，把获取的视觉经验应用到空间设计中，为空间设计增加更丰富的视觉表现。

手的比例融入空间使手成为空间的视觉象征

有很多方式可把比例融入空间中，而这些方式的选择，往往决定于单体造型的选择、造型的组合方式、整体空间的形态等因素。在设计案例中，学生选择用手的动作比例来制作单体造型，这种方式从细节入手，把手的比例从细节上贯穿在整体空间造型中。

根据不同的手势，可制作形成不同的造型，每个造型可以在整体空间中作为不同作用的单体而存在，其与手的互相作用也暗含在空间作用中，为实现空间功能增加了更多的可能性。

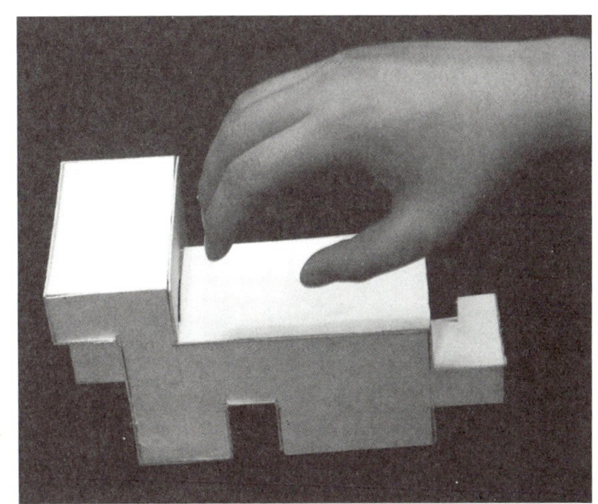

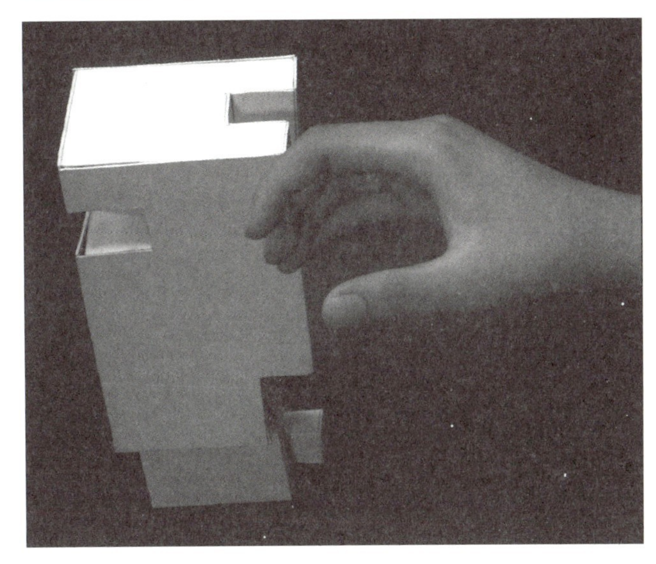

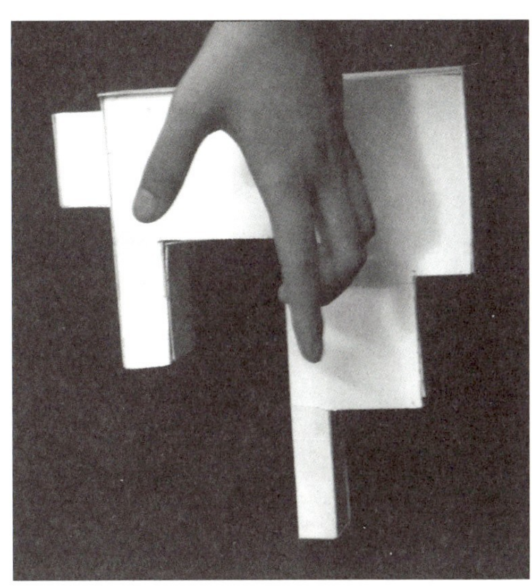

手与空间局部造型之间的关系，使盒子的局部与整体都贯穿了手的比例与模数。当盒子闭合以后，在手打开盒子的过程中，每一个构件与手都会保持紧密的空间关系。每个构件之间以手形的锁扣相连，最终手成为空间局部造型的比例与视觉象征。

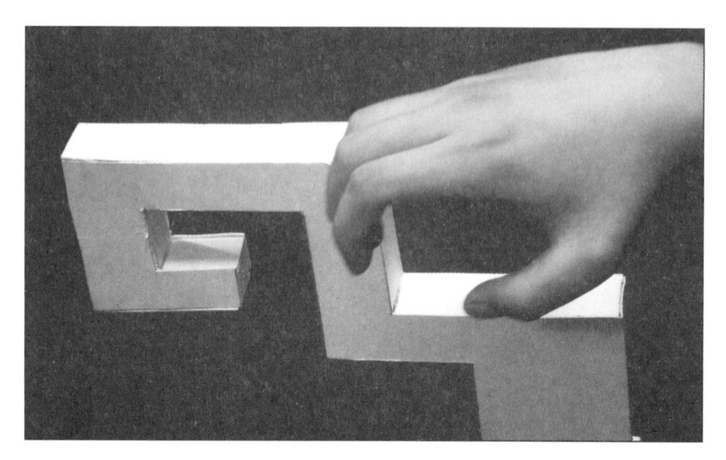

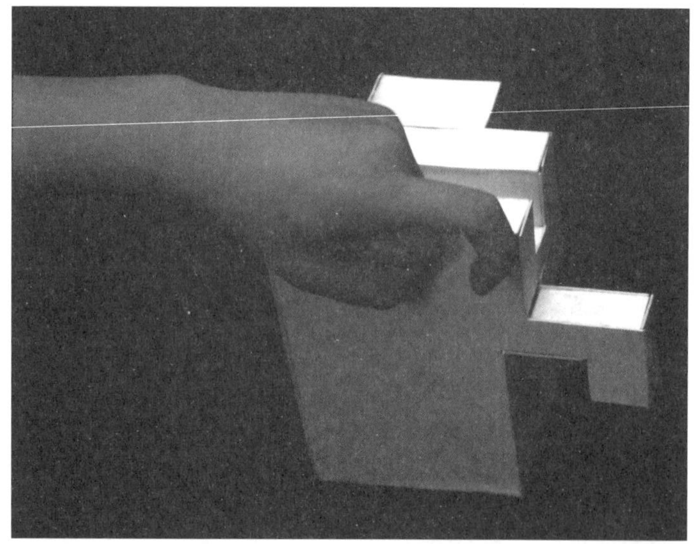

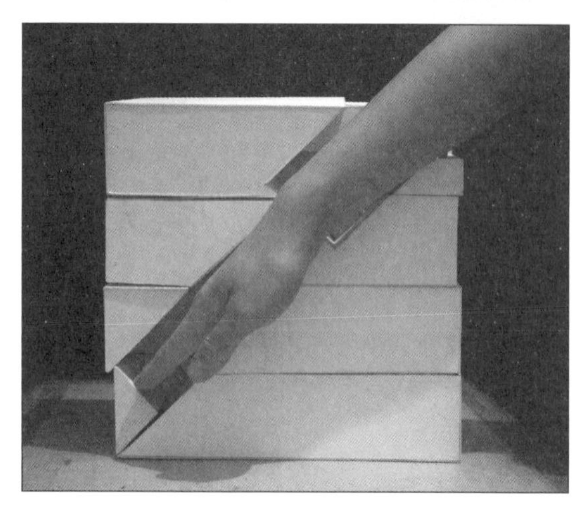

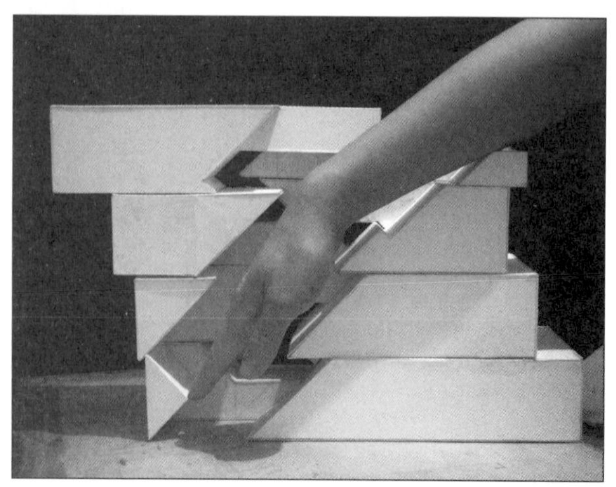

学生选择斜切作为整体空间的组合方式，一方面用相同的倾斜角度形成单体与单体之间的协调，另一方面利用倾斜的切面组合，在手插入整体空间的时候，盒子的组成部分自动向不同方向展开。这种空间的互动模式使盒子的开启方式与盒子内部手的空间占有两者之间的互动关系表现为空间实体与虚体之间的互动，通过互动满足了盒子利用手的因素自然打开的课题要求。

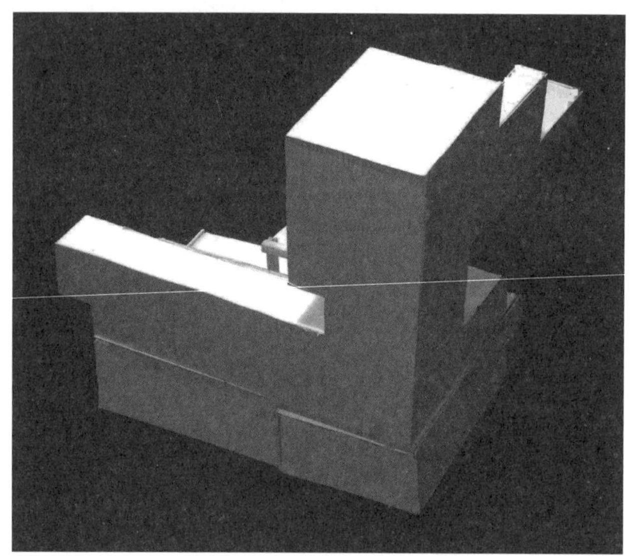

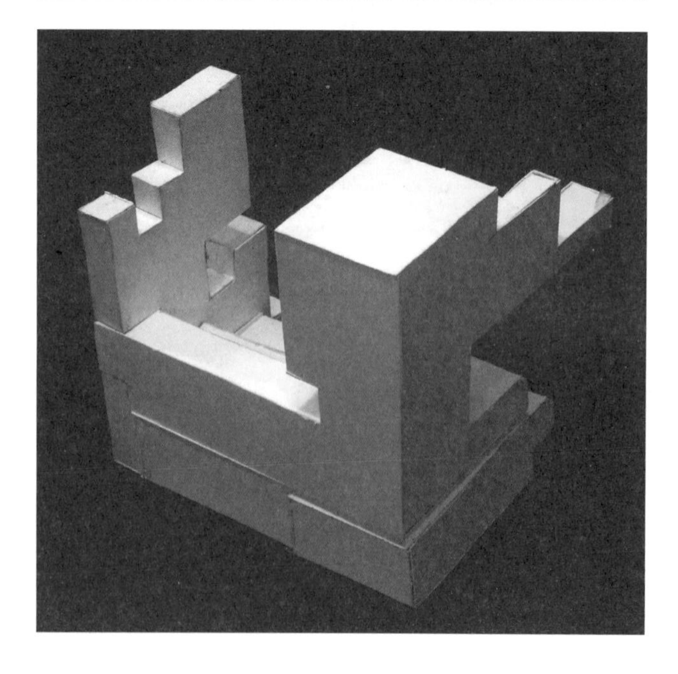

盒子局部的空间构件逐渐以围合的形式进行组合，在组合的过程中，以手为造型比例的局部造型互相镶嵌在一起，非常契合。这一点充分显示出学生对空间构成的理解，让单体造型之间充分地产生形态的碰撞，这种组合方式形成很有力度的造型美感。造型中心的局部欠缺，与周围契合的实体产生视觉对比，使造型中心预留的装载手的空间与手的造型产生充分的视觉效果。

盒子局部的空间构件与手的造型联系紧密，无论是结构、比例、模数，还是视觉的手的造型象征，都具有明显的手的特征。盒子的开启利用了局部造型之间的斜切连接方式，这些细节都显示出学生对手与盒子关系的密切关注。

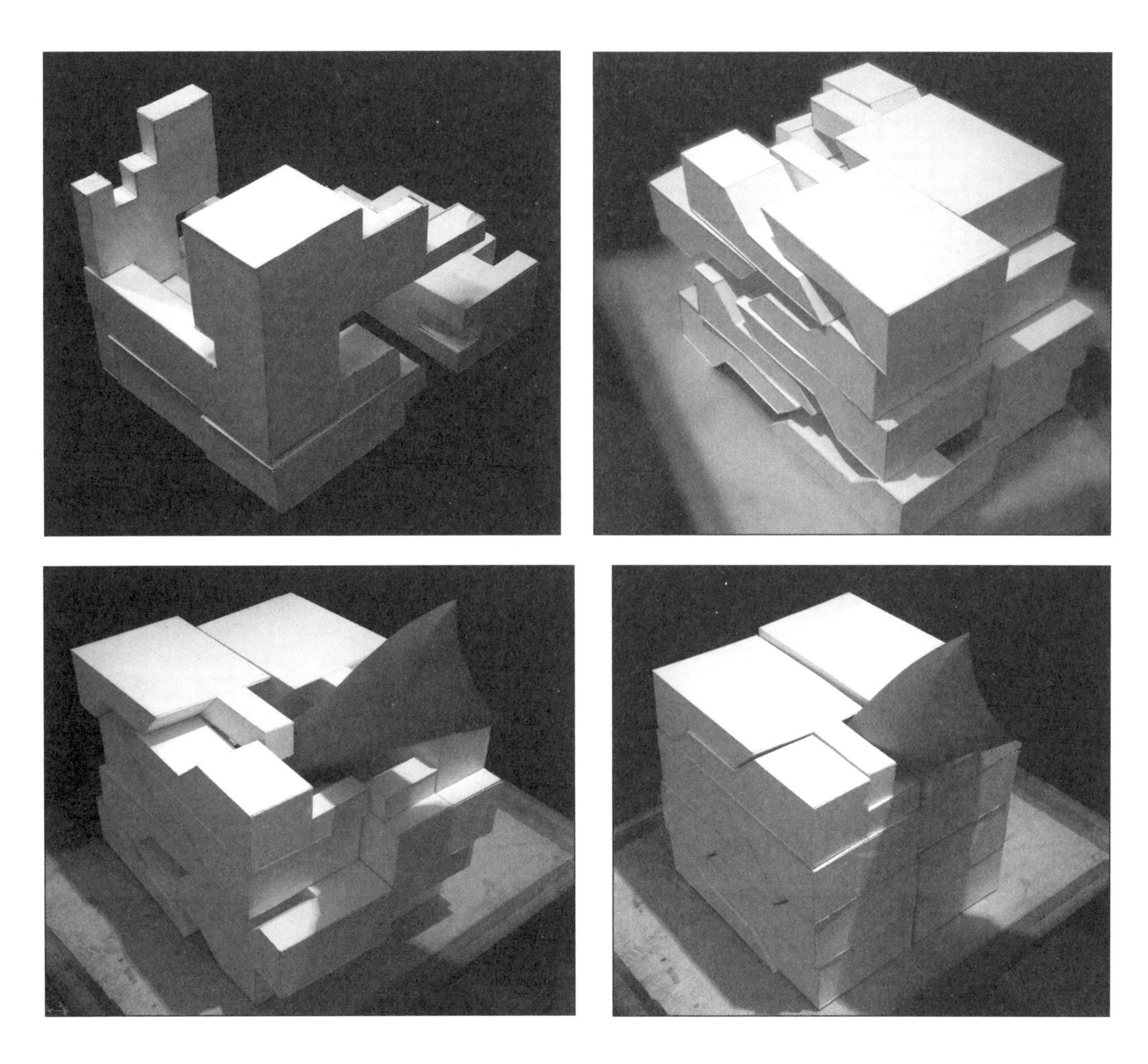

让手成为盒子内部空间的一个连接体

手成为空间盒子局部造型的连接体，是学生对空间理解的独特方式。将手的比例融入结构的比例，不如直接将手转化为一个局部造型，使其成为众多造型局部的连接体。当手伸入盒子内部，手成为连接各个立面局部造型的连接体，连接完成之后，盒子将成为一个无法打开的整体；当手从盒子内部取出，盒子的局部造型又可以自由打开。这一点使盒子组合充满空间趣味。

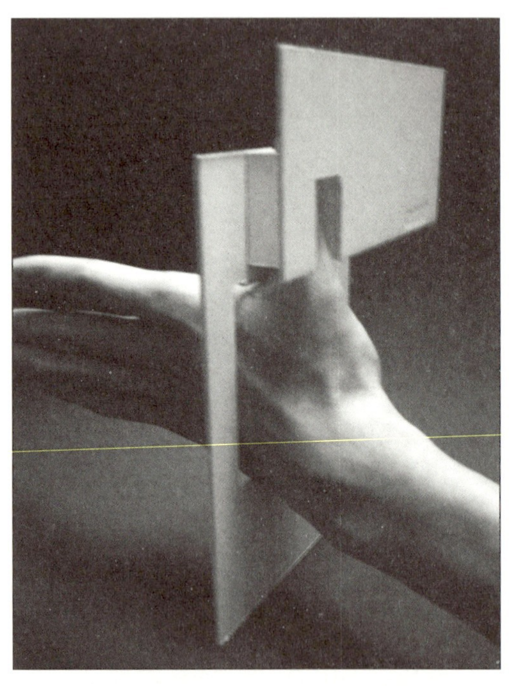

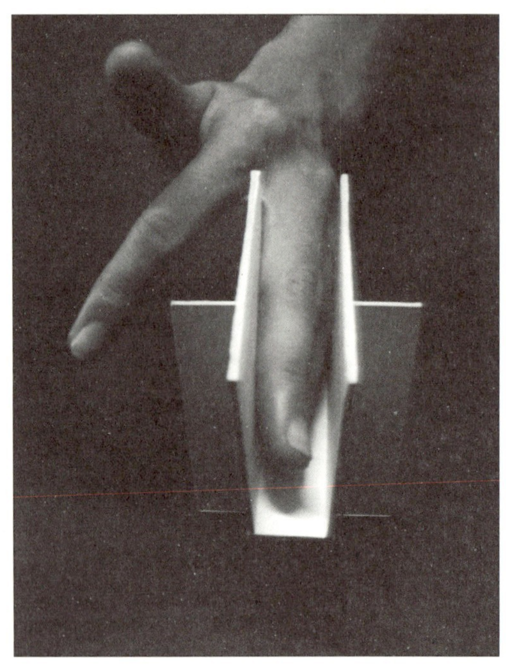

手的每个细节比例都考虑在造型的比例之中，最终形成与空间造型细节很契合的空间状态。手成为盒子内部空间结构的枢纽，就好像锁与钥匙的关系一样，空间的正与负、实与虚与手形成紧密的关系。

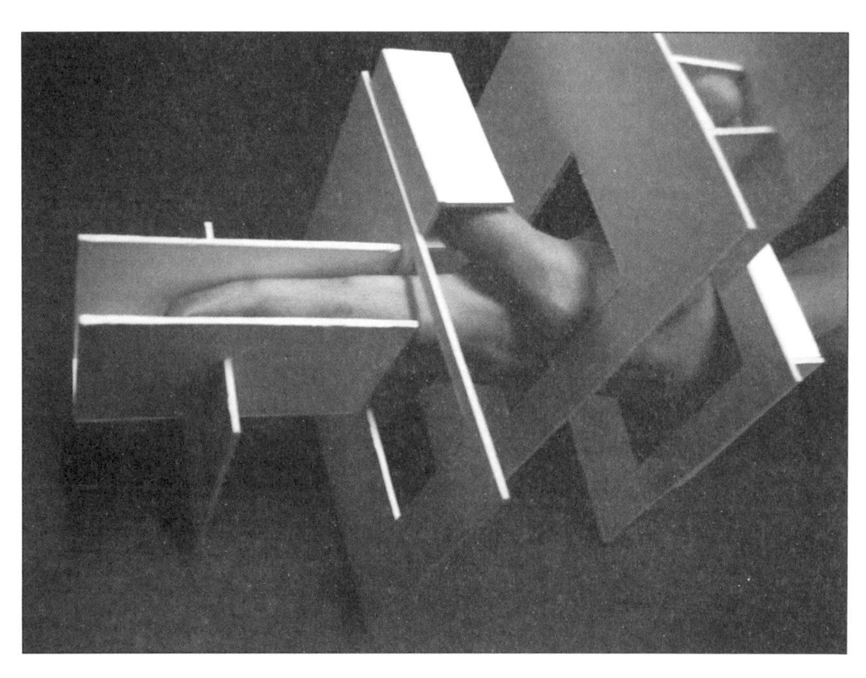

从里面看盒子组合的造型分割，似乎很繁复，但整体空间造型因为手的进入，使盒子繁复的局部融为一个无法散开的整体。从空间的组合角度来说，这充满了造型的挑战性。众多空间局部造型因为对手的造型的借鉴，用独特的方式穿插在一起，互相镶嵌，进行紧密组合而充满视觉力度。手成为空间整体中心部分的枢纽，手的造型也成为空间造型的一部分，这一点也成为空间创意，使手与盒子的关系契合课题的要求。

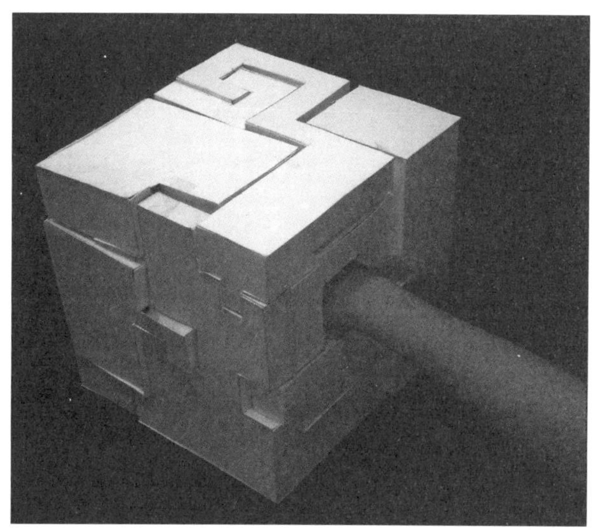

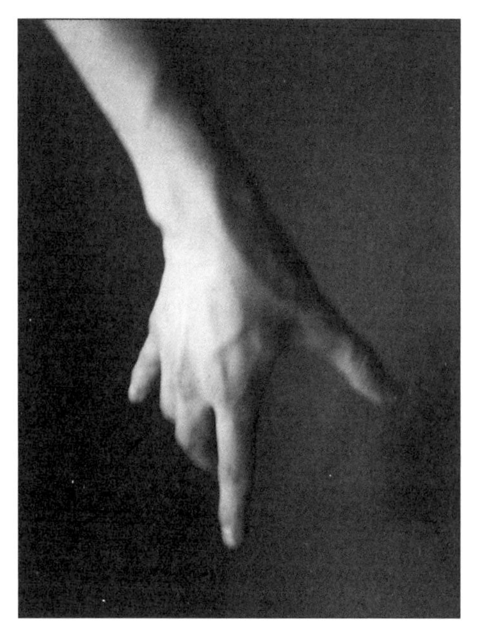

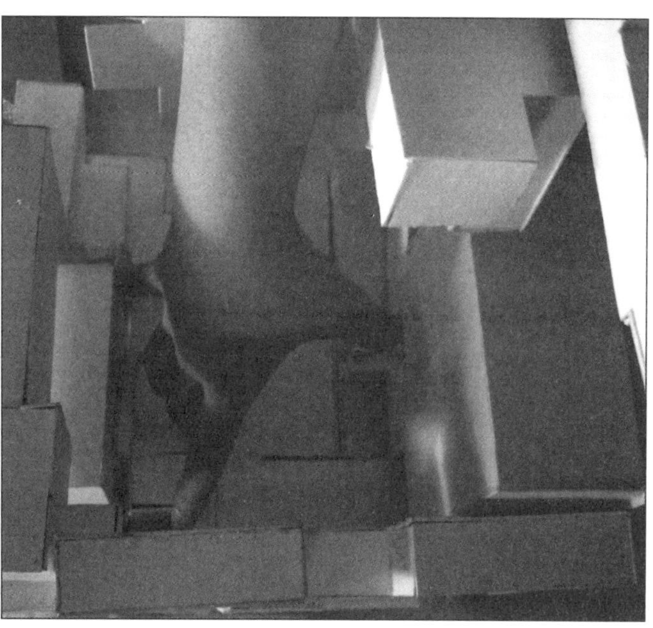

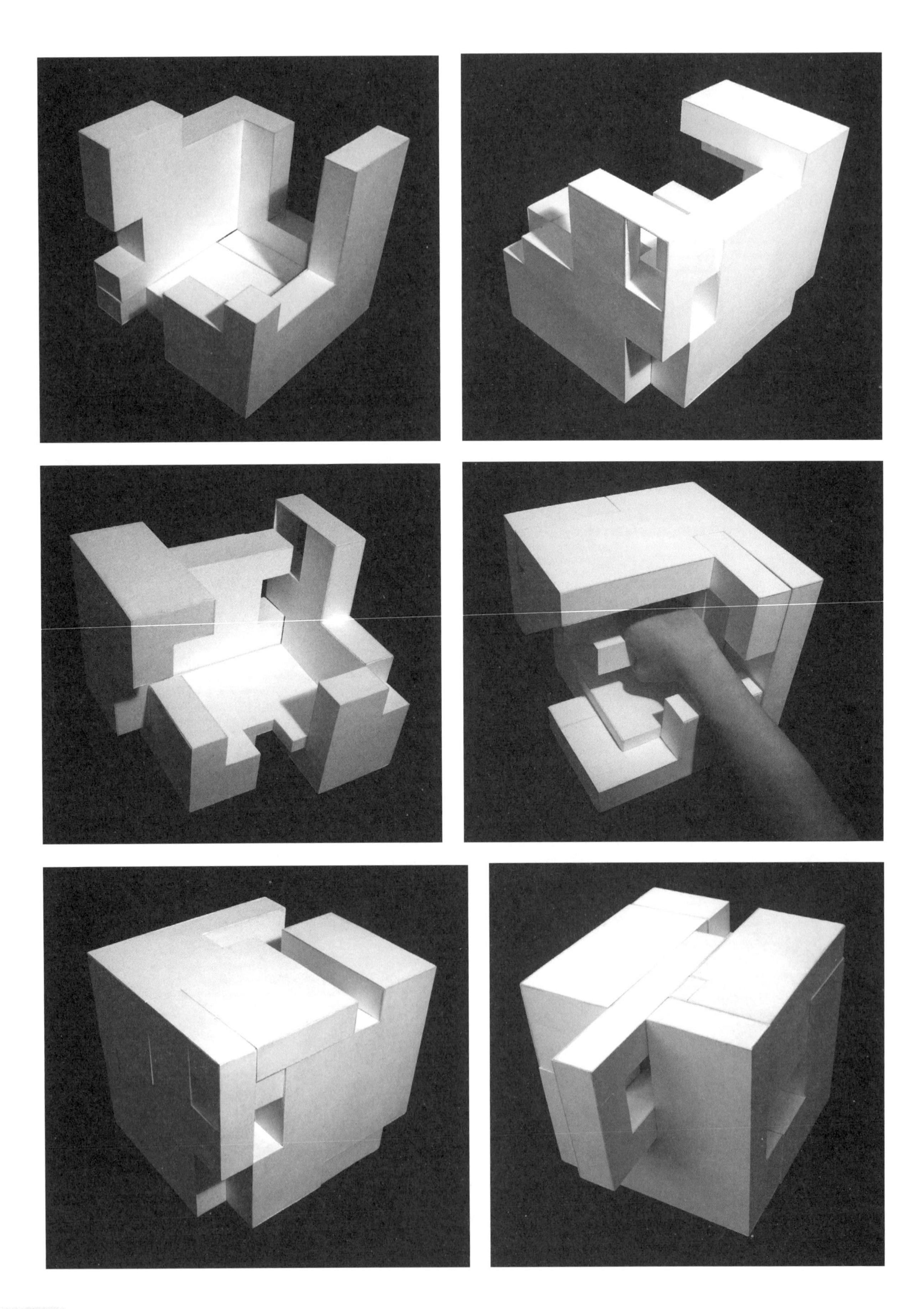

盒子组合完毕之后，所有的空间构件完全整合为一体，最后一个构件的契入完成所有构件的内部连接，最终完成整体组合。盒子外立面预留的空间用于手的插入，手进入盒子内部与最后插入的构件形成互动，完成盒子的开启与闭合。

在盒子组合设计中，关键是最后插入盒子的造型，这个造型既是盒子的一部分，又是开启整体空间的钥匙。而启动钥匙需要手的配合，手进入盒子空间内部与关键构件进行互动，与课题要求相呼应。下列作品中盒子与手的配合，成为盒子空间开启的创意。

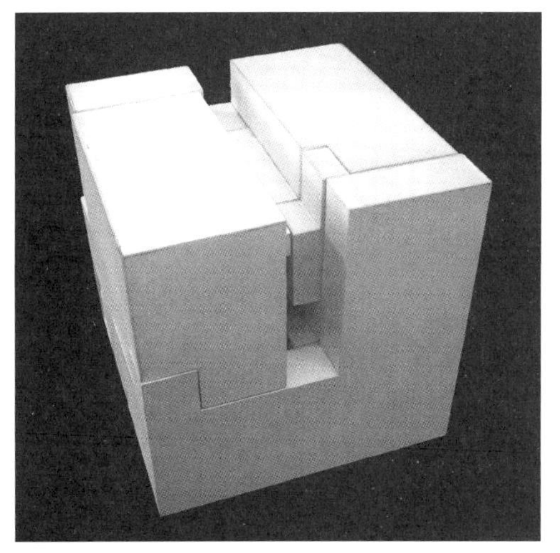

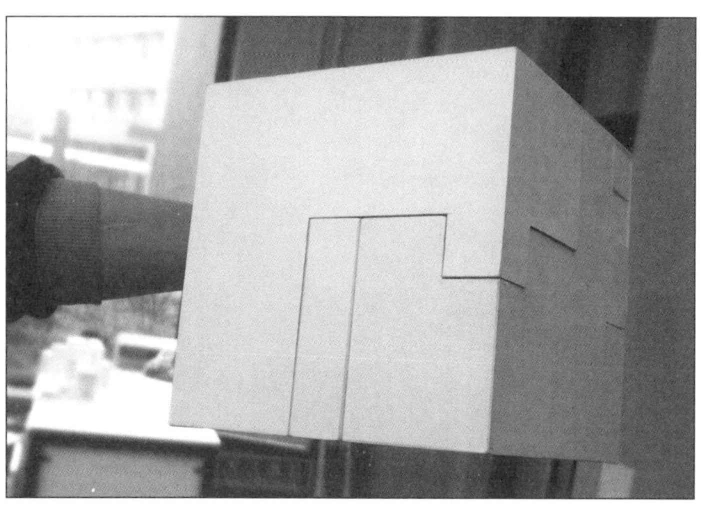

用旋转对称的方式追求几何美感

扎哈·哈迪德用计算机编程获得了难以用语言形容的有机造型，伦佐·皮亚诺用获取的生物形态进行建筑形态重构并获得了具有生态美感的工业建筑形态……这充分说明，从不同的角度对建筑空间造型进行获取与重构可以获得有表现力的空间形态，换句话说，空间形态的表现力往往来自创作来源的不同与设计方式的差异。

当学生和我谈及用万花筒的视觉图形方式进行空间创作时，我便能从视觉造型的角度体会到空间形态的特征——呈旋转对称的图形，在空间创作中可以呈现出强烈的造型美感。造型的切入点与常规的空间设计方法非常不同，这也可能成为一种空间设计创意。

盒子最终打开的效果呈现出一种几何形的旋转对称状态，将手指插入盒子内部空间的孔洞，可以使三角形的局部空间旋转分离开，分离开的局部有实体有虚体、有结构有框架，分离的状态随着手的旋转而变得越来越丰富，其中呈现出一种万花筒的视觉状态，而且这种视觉状态是三维的，具有丰富的空间美感。手与盒子的互动成为盒子内部空间的翻转打开方式，而三角形的内部结构元素使内部空间细节具有了更多的可发挥性。

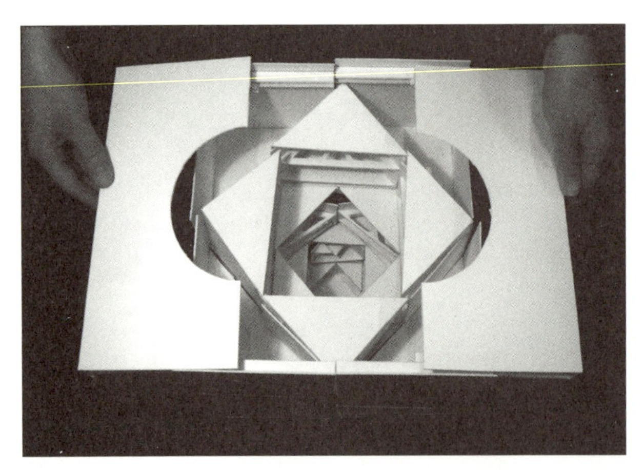

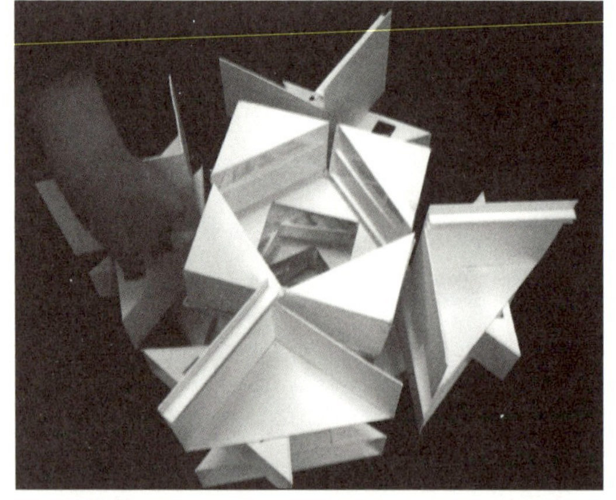

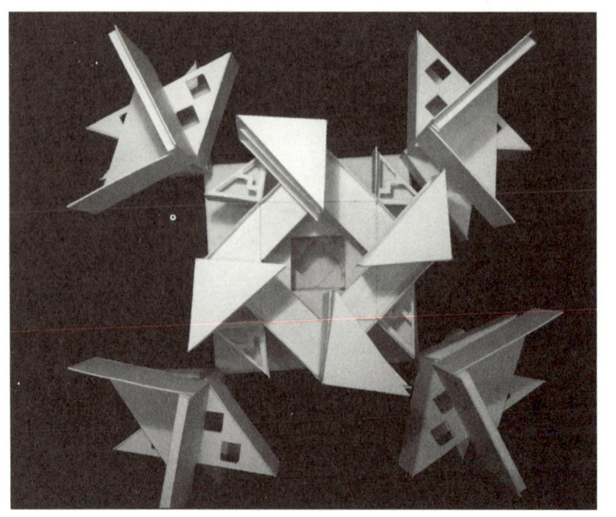

整体空间的组合方式其实很简单，手参与内部空间的翻转、推拉，使空间旋转对称、限定角度的翻转开启，最终实现了整体空间具有的对称的几何美感。视觉美感与空间效果的结合，成为盒子开启之后独特美感的来源。

这两个课题互为补充，一个引导学生从造型角度思考空间，另一个引导学生将比例导入空间内部，使空间的连接随比例的变化而变化。两个课题把空间设计需要关注的问题用课题约束的方式进行展开，使学生有目的地进行目标训练。

动手制作实物模型是感受空间创造力、开拓空间想象力的有效方法。动手训练可以把二维草图与三维空间实体之间的关系思考清楚，也可以把空间中整体与细节的关系思考清楚，当每个面通过空间的三维穿插、转折对应每一个不同的角度与立面的时候，学生就理解了二维造型与三维空间之间的关系。

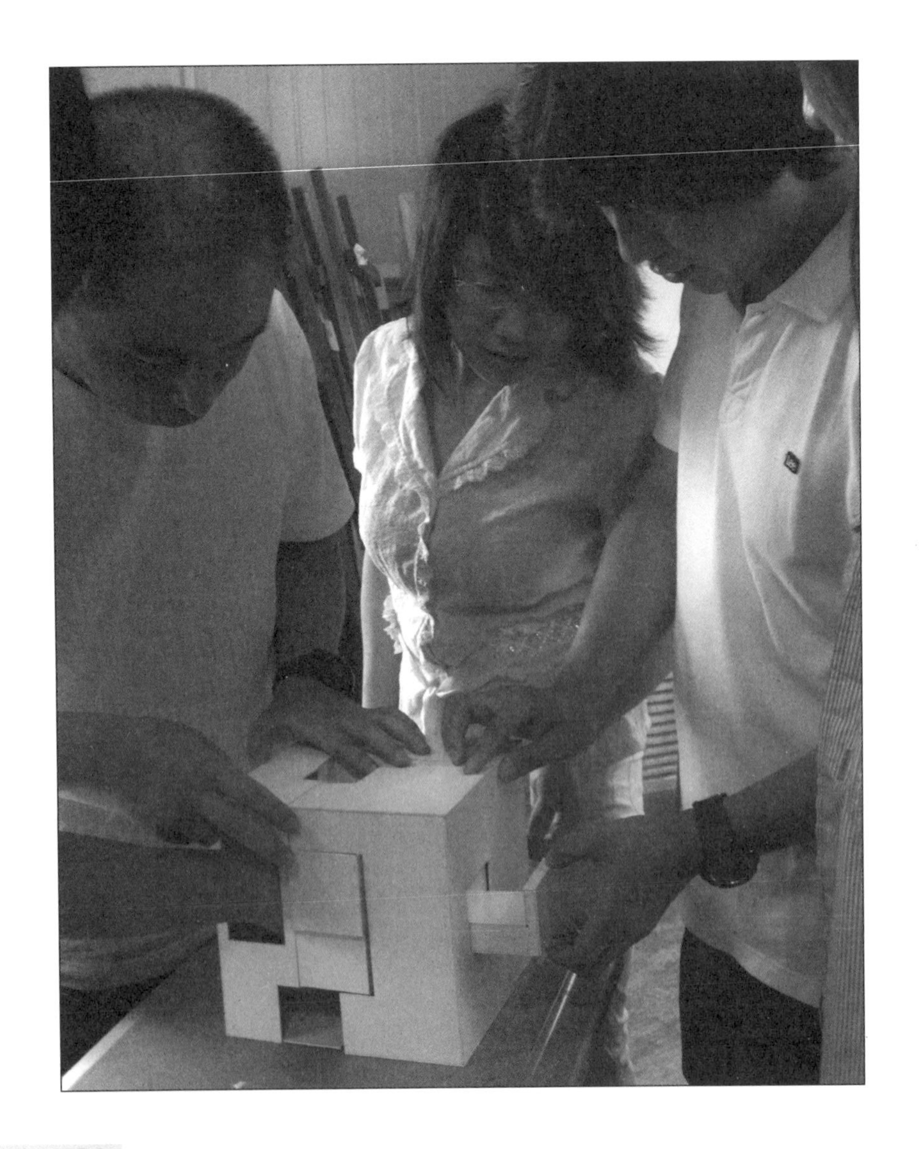

第五章

课题总结与思维拓展

【课堂教学——“空间创作”学生作品案例】

一、设计基础课题必须深入浅出

2002 年的夏天，在山东高校的一次构成课堂上，我偶然看到学生厚厚的笔记本，上面像记录数学公式一样密密麻麻地记满了设计的各种定义，“什么叫色彩的对比？什么叫色调……”我感到一种无奈。通过学生的笔记本所看到的，我想到了很多——关于教学方法的、关于学习方法的、关于设计的……也许，太多学生因为在学习中遇到一些问题，便降低对设计的学习兴趣，甚至放弃。

从 2001 年开始在大学任教至今，我一直在努力使课程、课题“简单”，因为我深刻地体会到只有教师对问题能做到“深入浅出”，才会使学生“事半功倍”。无论在设计课程的课堂上，还是在基础课教学的课堂上，学生只有在基础阶段觉得“简单”，才会有兴趣、大胆地迈出第一步。但是，还是有很多学生在面对设计基础的学习时“望而却步”，这是否是教师的责任？

本书通过“课题”的分析与归类，尝试用“课题”分解“问题”。每个基础课题既是关于立体构型知识的分解与整合，又是对后置设计课程学习的对应与延展。很多让学生感觉枯燥乏味的理论知识都融汇在课题之中，课题的具体要求是对学生思维可能产生歧义的预见，力求每个课题都能有效地解决一个问题，最终所有课题的汇总就能把基础课题的“点”连成“线”。有效地由简到繁、由加到减、由局部到整体，可以循序渐进地解决问题。课题阐述的内容也许不是全部，但却是有所取舍的典型课题，通过基础课题与相关课题的联系、与设计和雕塑的对应，也能使学生在学习的过程中进行多方面、多角度的思考，从而更加明确基础课题与设计的关系。

二、从设计的角度理解空间造型

学习空间造型的意义何在？是不是空间意识只对建筑、产品设计等立体造型设计专业才有帮助？围绕类似这些问题而引发的思考，经常会困扰学习基础课程的学生，他们也会经常在课堂上向我提问。我深深地感受到，学生之所以提问是因为他们并没有从根本上理解空间造型，仅仅感受到了空间造型与众多设计类别、艺术类别之间的关系。

在多年的教学实践中，我体会到，在设计基础教学阶段，引导学生正确地界定空间，将空间与视觉空间区分开，意义并不在于对概念的分辨，重要的是使学生更加有目标地进行学习。空间并不是简单地将视觉造型在某一个角度、某一个面进行再现，而应该是利用空间的特质，或者利用空间的表现方式，进行二维造型向三维造型的转换，而转换的方式，就是空间创意的过程。

三、获取二维元素进行三维重构

瓦西里·康定斯基（俄罗斯画家和美术理论家）的绘画作品充满了神秘的、具有表现力的画面语言，这些语言通过点、线、面，色彩，光影

的互相配合，使画面传达出一种完全个性化的视觉状态。把以二维形式存在于画面上的造型语言进行提炼、重组，转化为三维的表现方式，就可以呈现出一种介于雕塑、装置之间的新的造型状态。这种从二维画面中提取元素，进行三维空间造型转换的方式，是最直接的一种获取空间创意的方式，也是设计师经常采用的方式。最重要的是，这种三维造型方式在进行三维元素重组的时候，需要运用空间造型方式，多角度、多维度地占有空间，才能使最终获得的空间造型符合三维设计的标准。

从面到体的转换，是典型的二维到三维的空间造型方式。简单、直接地使用二维图形，进行不同维度的面与体的转换，使立面与二维图形相呼应，最终不同立面可以获得不同视觉效果的空间造型整体。最终结果是，转换得来的空间造型可以获得多个面变化的视觉效果。

中国传统园林设计对空间造景的要求，最典型的“步移景异”便是在空间中，不同的面与角度要获得尽可能变化的视觉效果。这一点便是在空间设计中，把二维图形转换为三维空间造型的意义之所在。

蒙德里安（荷兰画家）的画面充满了视觉图形的二维构成结构，色彩与分形的结合使画面具有一种构成美。众多设计师利用二维图形转换为三维空间造型的设计方式，获得了不同的视觉效果，但是这些设计作品都来源于蒙德里安画面的比例、色彩与典型的画面二维构成元素。

四、利用二维空间的视错觉创造三维空间

美国新锐乐队 OK Go 的最新 MV《The Writing’s on the Wall》在一个大空间内，利用视频连续拍摄完成。在看似凌乱的大空间内，持续移动的摄像机把空间中一件件看似杂乱的物件，利用特殊的角度、色彩组合成各种视觉图形。然而，无意之间乐手在场景中的穿梭，却又告诉你“看错了”，这种利用构成错视而产生的空间感，是介于二维与三维之间的表现形式，有点像风靡世界的立体画，只限于在某个特定角度才能完成设计所设想的空间视觉效果。但是，视觉效果是二维意义的（因为仅限于从一个角度观看），而场景是三维空间的，其在二维与三维的变化和视觉的自我否定中，完成了来自空间的创意。这种对于空间意识的应用，是设计师基于视觉效果的三维尝试。

五、空间的内与外可以无限延展

2002 年，伊东丰雄（日本建筑设计大师）在英国伦敦设计了蛇形画廊 Serpentine Gallery。这个 18m × 18m × 4.8m 的方形盒子尽可能地弱化建筑的围合感，自由地向任何一个方向扩展，与周围的环境息息相通。

在建筑造型设计中，已经没有墙、柱、梁、窗和门之分，一切似乎都处在变动之中。建筑立面的通透处理，使空间的内与外、虚与实等都在互相转化。

伊东丰雄与塞西尔·贝尔蒙德（世界知名结构工程师）和 Arup 公司（国际工程咨询公司）在蛇形画廊展厅的设计中，把建筑设计成从外表上看似乎是一个非常复杂的随机模式，但其实是一种采用旋转的立方体计算方法求得的最终建筑立面效果。建筑立面的线、相交线形成了不同的三角形、梯形，以及透明和半透明感的无限次重复运动。

尽管这座临时建筑只存在了 3 个月，但让人感到惊讶的是，如此一个简单的方形盒子空间，竟可以利用立面的构成方式体现出一种采用数学运算的理性方式所创造出的轻松动感。空间设计的精彩既可以源于建筑的外在，也可以源于建筑的内在；既可以来自空间的形态，也可以来自与众不同的造型设计方式。

在意大利米兰设计展上，时装品牌 COS 与日本设计公司 Nendo 合作举办“Salone del Mobile 2014”装置艺术展，把 COS 服装的创新展示设计提升到装置艺术的高度。在他们的空间展示创意中，二维与三维、平面与立体的界限被全新的视觉概念打破，展示设计的不同立面都呈现出一种平面构成状态的正方形分割；而不同面的组合，使这种平面化的构成呈现出空间状态，并且具有视觉的延续性。

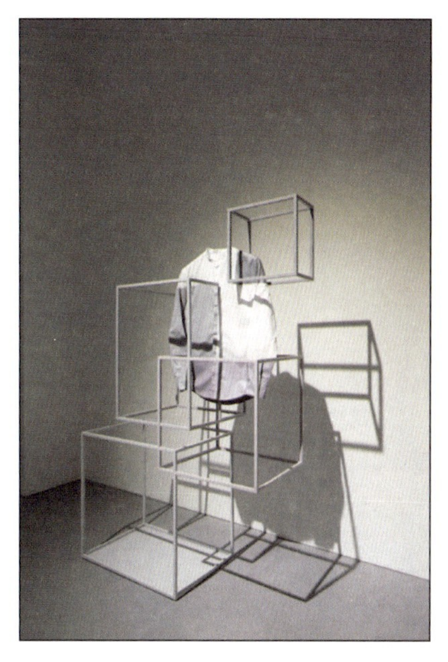

六、空间质感的表现

空间的形成必然与材料发生关联，利用质感的转换可以弥补空间感的不足。在众多成功的店面设计案例中，有很多设计师借助材料的转换，使空间呈现出与众不同的状态，并能与商品产生有意义的关联。日本 Suppose Design Office 建筑事务所在为 Karis 服装店所做的室内设计中，用价值低廉的用于纺织的纸质线轴进行空间构建，使室内空间产生一种奇异的质感效果。

Karis 服装店设计／Suppose Design Office 建筑事务所

提到建筑的质感，必须提到的是：在弗兰克 · 盖里的建筑设计中，合金材料的应用已经超越了建筑材料本身，成为设计师的个人符号。合金材料的应用，可以利用反射原理降低室外光线对室内温度的影响，并能呈现出建筑外轮廓随意的造型。在弗兰克 · 盖里与 Louis Vuitton 品牌合作的橱窗展示设计中，金属材料和曲线造型的应用，很好地与服装产生了质感与造型的对比，作为背景，衬托出橱窗展品的视觉中心。

弗兰克·盖里的建筑语言通过比例变化，也可以用于橱窗展示设计，这一点充分说明了三维造型与空间设计的语言是通过比例变化来适应不同的功能需求的。作为造型语言，无论是建筑、雕塑、家具，还是展示设计，所运用的造型元素和构成方式都是相同的。

Louis Vuitton 品牌展示设计（上）/ 弗兰克·盖里

克利夫兰 Lou Ruvo 脑部医疗中心建筑局部（下）/ 弗兰克·盖里

七、光线作为造型与空间的辅助表现

照明作为空间设计的辅助表现语言，已经成为独立的设计学科——照明设计。在科学数据与审美表现之间，照明设计可以和空间设计互相结合，成为空间表现的一部分。在欧洲的建筑设计基础课程中，有研究光影表现与建筑结构表现之间关系的相关素描课程。造型的凹凸必然产生光影，光影也可以反作用于结构的视觉表现。在此基础上，光构成也可以选择以独立的方式出现在空间中，光的色彩，强弱，点、线、面属性既可以为空间锦上添花，也可以独立成为空间的表现。

芬兰 FAT LADY 夜总会 / Arkkiteht 设计工作室 M&Y

八、用折纸的原理表现三维造型的美感

服装设计师三宅一生的服装造型与肌理，把介于折纸与建筑的方式通过视觉语言表达出来。抛开服装的使用价值，单纯从艺术的角度来衡量，三宅一生的2015春夏系列服装设计是通过造型与肌理来表现人与服装的空间关系。

三宅一生品牌2015春夏系列服装设计

三宅一生的服装设计是介于服装与装置之间的一种视觉语言表现，我们可以更具体地把这种表现方式理解为“身体装置”。服装设计的元素可以与空间构成的元素形成对应，设计师的创作就是寻找空间造型的构建方式，把身体作为造型的一部分和空间的比例依据，并融合在空间表现中。在构成元素中，设计师把服装材料的点、线、面构成元素与身体的关系考虑为装置与载体之间的构建关系。

九、相关空间课题训练

如何有针对性地解决设计基础问题是众多院校关注的教学问题之一。在众多教学实践中，教学课题的设置与设计问题的对应非常充分地将设计问题用基础课题的特有形式进行呈现，有利于引导学生用简单的形式探讨专业问题，从而引发学生对众多思维方式的关注。

（一）中央美术学院城市设计学院空间学部空间训练课题——文字与空间的转换

“索伏洛尼亚是由两个半边城市构成的城市。在一边，有驼峰般陡峭山壁间的巨大过山车，装有链条轮辐的旋转木马，有旋转舱的摩天轮，蹲伏的摩托骑士的死亡飞跃，正中吊着空中飞人荡秋千的马戏团大圆顶帐篷。另外半边城市，则是石头、大理石和水泥建成的银行、工厂、宫殿、屠宰场、学校，等等。两个半边城，一个是永久固定的，另一个则是临时的，时限一到，就会拔钉子、拆架子，被卸开、运走，移植到另一个半边城市的空地上。”——节选自《看不见的城市》轻盈的城市之四［（意）伊塔洛·卡尔维诺著，张密译 . 译林出版社，2012 年版］

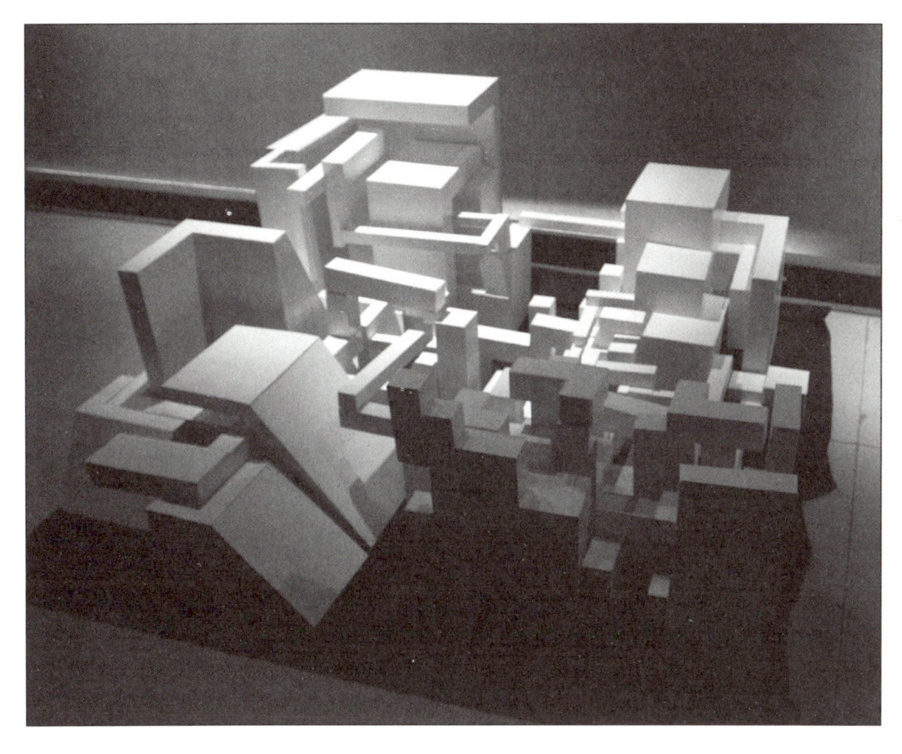

课题要求：寻找文字中空间的表达方式与视觉空间表达方式之间的关系，要通过媒介的转换，使学生对空间进行主观感知、表现，这是属于空间语言表达的课程训练。《看不见的城市》中对于空间的描述是抽象的、充满想象力的，这恰恰为学生的空间想象力提供了拓展的余地。学生将文字的节选片段（由课程教师提供一些文字片段，学生自由选择）作为空间创作的起点，通过文字的词、句进行空间元素的转换，最终完成整体空间的构建。最终的课程作业是，课题通过对作品之间的比对、作品与文字片段的比对，使学生感受空间语言与我们日常生活中熟知的文字语言之间的对应和转换关系。

（二）匈牙利佩奇大学波拉克工程学院建筑系基础课题——正方体的切割

课题训练从一个简单集合体的切割入手，将建筑基础课程所必须涉及的制图、模型制作、空间想象等基础训练要素融合在课题训练中。课程面对的学生，是来自欧洲一些国家的本科一年级学生。作为本科一年级学生设计课程的第一门专业基础课程，课程训练既要解决学生的三维思维能力、动手能力，又要尽可能激发学生对建筑设计的兴趣。

课题要求：切割一个 10cm×10cm×10cm 的正方体，借鉴榫卯结构的造型特征与构造方式，使切割后的正方体局部之间呈现出互相搭接、镶嵌的构成结构。

榫卯是中国古代工匠极为精巧的发明。这种构件连接方式使得中国传统的木结构成为超越了当代建筑排架、框架和刚架的特殊柔性结构体，不仅可以承受较大的荷载，而且允许产生一定的变形，能在地震荷载下通过变形抵消一定的地震能量，减小结构的地震响应。在现代家居设计中，榫卯结构更是以视觉美感与结构美感并置的方式，以独特的构造形式，成为一种独立的造型空间构成风格。

欧洲一些国家建筑学院的学生，尤其是建筑设计、室内设计、家具设计等设计专业的基础课学生，对中国古典建筑结构中的榫卯结构非常感兴趣。他们觉得榫卯结构既是三维造型，又是解构的构件；这种造型的美感既具有造型分割的感性美感，又具有结构所具有的精密美感，是一种非常精巧的构造形式。

匈牙利佩奇大学波拉克工程学院建筑系有来自欧洲一些国家的学生，针对不同专业设置共同的建筑基础课程，分为艺术与建筑基础两个部分。空间相关课程属于专业基础课程的第一环节，课题设置以中国的榫卯结构作为造型方式、造型分割方式的切入点，引导学生进行造型创作、造型切割、空间想象、结构与构建、手工制图与模型制作等知识环节的造型与空间综合基础训练。

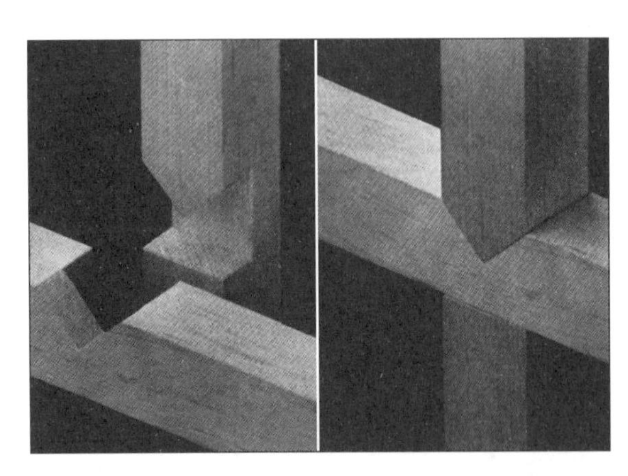

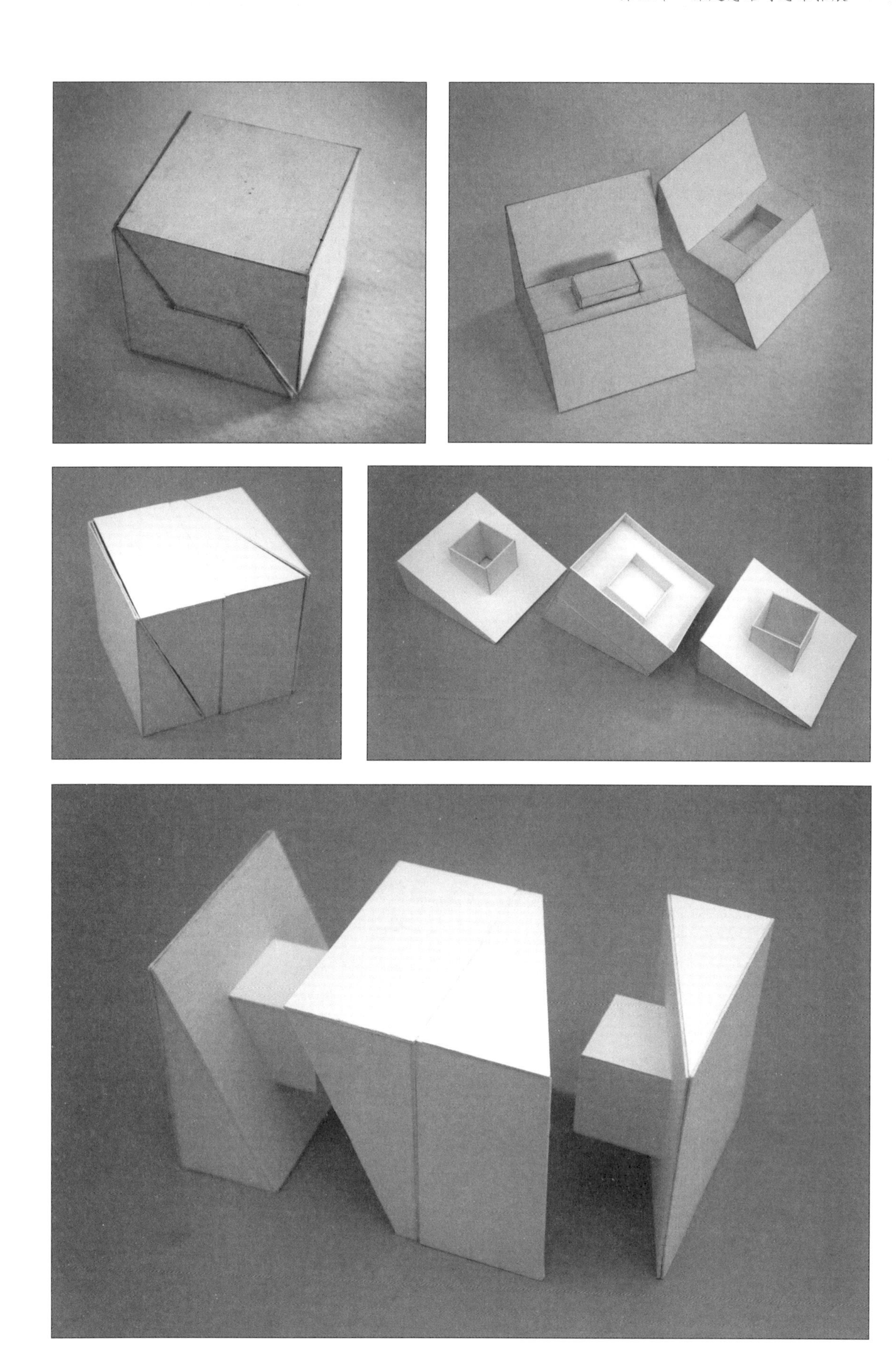

无论在国内的大学课堂，还是在欧洲的大学课堂，学生在刚刚进入基础课学习的阶段，对空间的理解大多停留在视觉意义上，对空间的感性理解成为他们创作的主导。但对于建筑而言，设计师在设计过程中不得不顾及建筑中众多的制约因素，如结构、构造方式等。在课题中融入对榫卯结构的讲解与借鉴，通过直观地介绍，能使学生体会到造型、空间、结构可以通过建筑特有的方式进行组合，元素之间并不是孤立存在的。

因为是针对建筑专业学生的建筑基础课程制定的第一个课题，所以课题设定的创作难度极小，但课题训练中需要兼顾模型制作、手绘制图的对应训练。

（三）英国格拉斯哥美术学院建筑系基础课题——平衡与建构

作为建筑设计必须涉及的建筑构造部分，学生在基础课程学习阶段往往难以进入状态，因为建筑构造的学习需要以数学运算和力学知识来支持。建筑结构与建筑设计的关系，既可以作为建筑造型的辅助，又可以用结构引领造型的发挥，而且以这两种造型思路主导的建筑设计，在建筑设计领域都有一些成功的案例。

从广义的审美角度来分析平衡与审美的关系，会得出结论：审美的基础来自视觉的平衡，但是视觉的平衡不一定是美的标准。比如说，舞蹈家的双人舞蹈动作组合之后，美感的传达来自个体姿势的造型美感、双人组合的平衡美感。

课题要求：学生分组，尝试利用各种姿态，完成一个学生双脚着地的稳固姿态，并完成拍照记录。用绘画的方式进行记录，并逐步简化，最终画出力的传递线与结构图。

【课堂教学——中英教学方式的差异】

摄影师约翰·凯恩和美国皮洛布鲁斯舞团合作拍摄的以“平衡”为主题的人体摄影

舞蹈家的舞蹈动作、中国古建筑的局部、《营造法式》(宋代李诫的建筑学著作)中的斗拱结构图示，三者之间似乎毫无关联性，又似乎在视觉平衡与力学平衡之间充满关联性。由于重力的关系，双人的肢体协调动作必须符合力学规律(相对于建筑的结构规律)，最终得到稳定的平衡状态。这种状态的视觉造型，与建筑结构的力学支撑方式极为相似。

课题的精彩之处在于，用最简单直观的方式，把综合了众多知识点的建筑结构环节，从力学意义上给学生进行简要的视觉传达，使学生通过时间感受到结构既需要从造型方面考虑，又可以作为平衡依据而独立存在。整个课程把枯燥乏味的数学与力学内容减到最少，采用游戏的方式使学生进行专业知识的体验与实践。

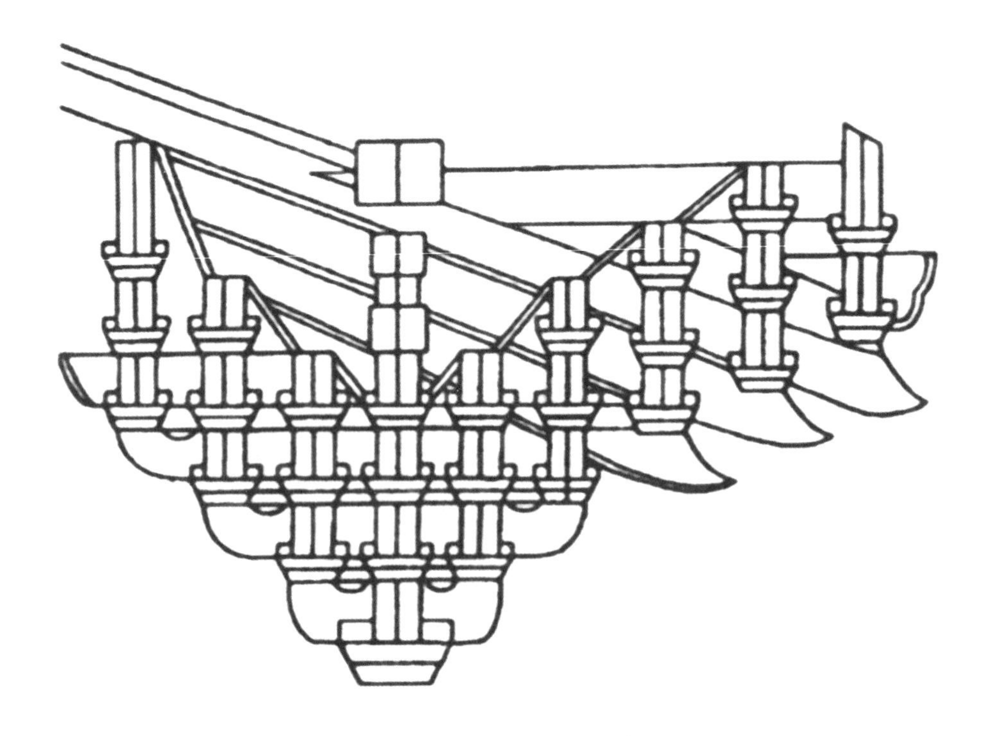

（四）四川国际标榜职业学院／本科一年级通识艺术基础课题——身体与造型

四川国际标榜职业学院作为时尚行业的国际职业标准培训院校，把艺术基础课作为一年级必修课程。大部分学生没有美术基础，通过艺术基础课程训练以后，会进入美容美发、服装设计、首饰设计等专业继续学习。一般来说，艺术基础课程中关于造型的训练课题紧密围绕身体的结构、比例来设定。

课题要求：根据各专业的需要，针对身体的结构，如肩、颈、头、手等部位，结合人体的结构和比例，以纸为材料进行造型创作。

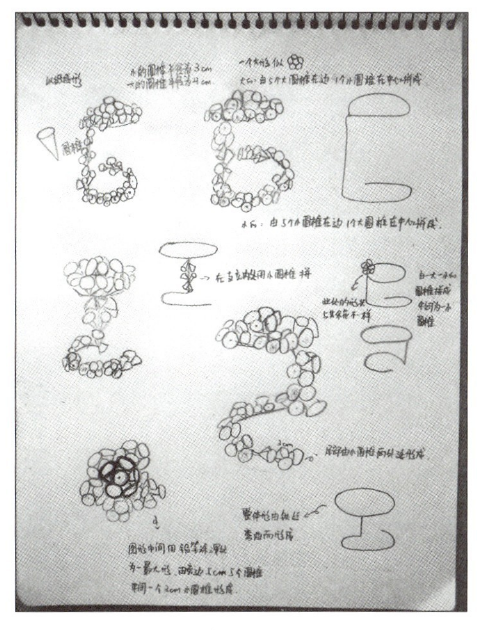

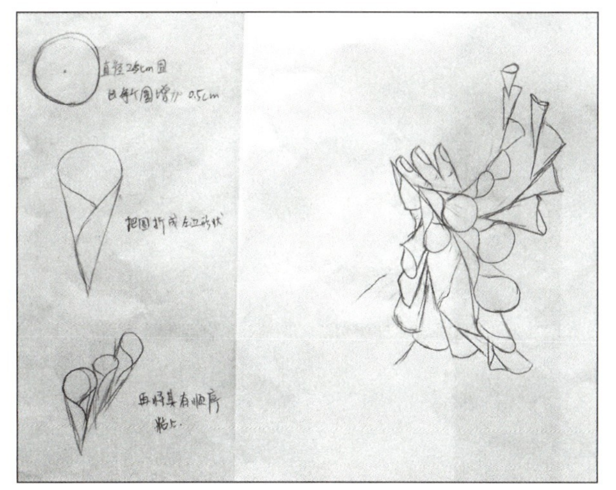

课程分为两个部分：第一部分，对于三维造型方式的讲解，学生在没有美术基础的情况下，教师对例题构成元素、造型方式的讲解需要结合案例进行概念与造型的比对；第二部分，对于身体的造型、比例与所创作的三维造型之间关系的讲解，针对不同设计专业的需要，造型方式需要紧密围绕身体的每个部位作为造型的载体，这样的造型对学生后继的专业学习才是有意义的。

教育家杨绛先生认为，最好的教育，是没有痕迹的教育。对美术基础薄弱的学生来说，兴趣教学尤为重要。在职业院校的课堂上，学生往往关注所选择专业的技术问题，容易忽略美术基础教学中所提倡的艺术与审美体验。基础课程的课题制定需要兼顾学生的特点，在教学中树立学生独立思考与创作的自信，帮助其保持专业学习的兴趣与热情。

【教学内容介绍13——总结】

参考文献

程大锦，2008. 建筑：形式、空间和秩序 [M]. 刘丛红，译 . 天津：天津大学出版社 .

盖尔 · 格瑞特 · 汉娜，2013. 设计元素：罗伊娜 · 里德 · 科斯塔罗与视觉构成关系 [M]. 沈儒雯，译 . 上海：上海人民美术出版社 .

赫曼 · 赫茨伯格，2003. 建筑学教程 2：空间与建筑师 [M]. 刘大馨，古红缨，译 . 天津：天津大学出版社 .

贾倍思，2003. 型和现代主义 [M]. 北京：中国建筑工业出版社 .

彭一刚，2008. 建筑空间组合论 [M].3 版 . 北京：中国建筑工业出版社 .

跋

设计基础课程的教与学，并不是创意的天马行空，需要时刻以设计的标准去衡量课程的教学目的和与专业接轨的教学价值，并与专业课程进行对接，使学生在基础课程阶段就能体会到后置专业课程需要关注和体验的知识点。这是基础课程任课教师必须面对与思考的问题，任课教师需要明确，设计基础课程必须解决实际教学问题，为专业课程服务。

中央美术学院设计学院王敏院长曾在 2014 年学生毕业典礼上致辞：只要去追求，总有一天你们会有收获。只要不放弃自己的理想，努力去做，梦想就并不遥远！只要你们追求过、坚持过，哪怕没有实现自己的理想，你们的人生也是理想的。借用奥地利诗人里尔克的话，“没有什么胜利可言，挺住就意味着一切”。

中央美术学院是每一个立志从事艺术与设计行业的年轻人最好的起点，重要的不是在学校里学到了什么，而是在这个环境里逐步构建起来的思维体系，将会影响他们一生对于专业、生活的追求。从 2001 年开始，我在中央美术学院设计基础教学的岗位上工作了十余年，曾经满怀理想与憧憬走进校园时的情景至今历历在目。在追求理想的道路上，我是幸运的，因为我的职业已经和我的理想结合在一起。现在，无论是在专业院校的课堂上还是在综合类院校、职业技术院校的课堂上，看到学生们对待学习时认真的表情，我都会想到当年的自己。在 2002 年出版的《艺术设计基础教育的革新》一书中，我用许多基础教学课题展示设计教学的案例和学生作品，来证明不断更新基础教学课题应对设计标准的变更是提升基础教学质量的重要手段。在我看来，基础课题教与学的意义，已经不仅仅是提升专业水平的手段，而是一种工作的乐趣，更是一种工作与生活的态度。

在 2014 年欧洲留学期间，我有幸把自己的基础课题带到欧洲设计院校，与来自其他国家的学生一起交流。这使我重新回到国内的设计课堂上时，可以把我的亲历、感受与新的知识，再次融入课题实践中，以便做出更加贴近设计专业标准的基础实践课题。在中央美术学院设计学院任教的十余年，空间构成系列课程积累了大量的课堂教学资料与教学经验。2016 年回国后，我调入浙江工业大学设计与建筑学院，任教至今，对设计与建筑学院模型语言课程的课堂教学实践与研究进行对接，仍在继续各种教学尝试，不断地去研发新课题，以更加贴近当前年轻人的思维方式，为他们在未来职业道路上的持续发展与学习助力。

截至目前，模型语言课程的网络资源建设趋于完整，相关课程视频在网络教育资源范围内获得了一定的关注度，有十余所国内院校的相关设计专业把这些课程资源与他们各自的课程内容进行对接，并保持关注和持续使用。这些对我的教学课题的认可，都转化为我教学的动力。

在设计课堂教学实践与研究的路上，希望能与更多志同道合的朋友相识、同行、共勉，一起努力不懈。

致　谢

感谢以下为本书提供相关课题习作和资料的人士：

中央美术学院设计学院 2013 届、2014 届本科全体同学 / 中央美术学院继续教育学院环境艺术 2003 届专科一年级同学 / 四川国际标榜职业学院艺术基础部、环境设计专业同学 / 中央美术学院城市设计学院基础部同学 / 匈牙利佩奇大学波拉克工程学院建筑系 2015 届本科一年级同学 / 浙江工业大学设计艺术学院 2015 届、2016 届本科全体同学

董潇 / 谢潮 / 陈一涵 / 郭颖俏 / 景师禹 / 刘翰松 / 刘克慧 / 朴昡征（韩）/ 朴赞美（韩）/ 慕晨扬 / 刘馨元 / 罗娴 / 卢衫 / 于诗萌 / 周烨 / 田韵 / 唐靓 / 吴凡 / 颜诗轩 / 李沐阳 / 唐诗 / 石尚洁 / 郑集语 / 孟婉婷 / 胡冰冰 / 李圭 / 王茜桐 / 薛帅兵 / 崔馨予 / 关堡江 / 余俊 / 陈佩涵 / 岳倩雯 / 孟婉婷 / 徐睿 / 陆森林 / 湖海南 / 孙希元 / 石韵媛 / 赵芸 / 谢竟思 / 付磊 / 张宇宸 / 黄小黛 / 谭文赛 / 姚金良 / 李非 / 张宇豪 / 葛轩汐 / 赵梓涵

李亦昕 / 张馨心 / 张鹤怡 / 蔡雯伊 / 李连海 / 谢丹 / 李棕旭 / 赵琼 / 唐浩杰 / 潘柔杨 / 黄麓琪 / 汤同鑫 / 周忙 / 张天译 / 刘松涛 / 彭驿雯 / 朱守磊 / 刘天琦 / 杨莹 / 李明叡 / 高逸飞 / 徐大恒 / 于子漪 / 贾澄宇 / 张辰 / 徐铭聪 / 王钰雯 / 宋出尘 / 赵雪薇 / 孙越 / 万柳苏婷 / 方励芝 / 邱印萱 / 林晏德 / 廖贞雅 / 张子涵 / 苏珊 / 刘宛辰（美）/ 郑恬恬（美）/ 许弘宰（韩）/ 芬妮（德）

匈牙利佩奇大学建筑基础课程建筑素描相关课程资料及学生习作由波拉克信息工程学院 Dr. Balint Bachmann 院长提供并授权使用。

“非常设计师网”及其旗下“课城”手机端、智库林（北京）微课有限公司林杉总监给予课程视频制作及推广支持，浙江工业大学设计与建筑学院本科学生王玲、杨心瑜参与课程视频拍摄工作。

作者在中央美术学院设计学院基础部课堂，与 2014 届一年级 2 班学生合影。也许多年以后，他们都将成为优秀的设计师。此时此刻，他们的一张张笑脸，都承载了他们对设计的理想、对未来的憧憬。设计基础系列课程的教学实践与研究一直未曾止步。虽然网络资源课程的积累进度缓慢，但是充满了挑战。一直以来，课堂教学既是我的本职工作，又是我的兴趣所在。就像我的老师、我在中央美术学院任教十余年期间的教育引路者周至禹先生所倡导的那样，“用教师的教学热情，点燃学生对专业的热爱”。这也是我为之不懈努力的目标。